Excelで学ぶ
データ解析の基礎

海野 大

東京図書出版

目次

はじめに

　現代はビッグデータの時代と言われています．ビッグデータとは，従来のコンピュータシステムでは記録や保管，解析が難しいような巨大なデータのことです．定まった定義があるわけではありませんが，一般的には，単にデータ量が多いというだけでなく，様々な種類や形式が含まれる非構造・非定型のデータ[*1] をビッグデータと言います．特に，毎日膨大な量が生み出される時系列データ，リアルタイムデータを指す場合が多いようです．ビッグデータの例としては，ネット通販の購買履歴データやコンビニなどの POS データ，Google などの検索ワード，鉄道などの IC 乗車券の乗降履歴データ，気象データ，防犯カメラなどの画像データ，スマホなどの位置情報など，様々なものがあります．

　ビッグデータという言葉は 2000 年頃から IT 業界などで使われるようになりましたが，2010 年代になって一般のマスコミなどでも取り上げられ，大きな話題になるようになってきました．話題になったきっかけの一つは，Amazon 社などのネット通販会社が大量の検索結果データや購買データを利用したレコメンド機能を提供するようになったことでしょう．2010 年 4 月 13 日付の日経新聞電子版の記事『ネットのお薦め機能，個人情報提供に 8 割が「不安」』によると，インターネット利用者の多くが個人情報の使われ方に不安を感じており，一般の人々がデータの利用について強い関心を持つようになってきたことがわかります．

　データを蓄積し解析するということは古くから行われてきましたが[*2]，2010 年前後に Google 社などによって膨大な非構造データを蓄積し，分析を可能とする技術が開発され，多くの産業分野でビッグデータをビジネスに活用できるようになってきました．さらに，公的機関が保有するデータ（例えば，気象データなど）が開示されるようになり，企業や一般の個人でも利用できるようになったことも，ビッグデータ活用に拍車をかけています．

　ビッグデータの活用事例としては，例えば，その日の天候予想に基づいて店頭の品揃えを決めるというものがあります．コンビニで扱う商品には，その日の天候によって売れ行きが左右されるものがあります．その店舗の商圏の特性や POS データと気象データを関連づけ，過去にどのような天候のときに

[*1] 非構造のデータとは，メールや文書，画像，動画，音声，web サイトのログデータなど，特定の構造を持たないデータのことです．構造を持つデータとは，Excel のファイルのように列と行があり，データ（数値や文字）が順番に並んでいるようなデータのことです．

[*2] 例えば，スーパーマーケットやコンビニの POS レジシステムは 1970 年代から普及し始め，1978 年の共通商品（JAN コード，バーコード）制定を機に，1980 年代以降普及し始め，収集・蓄積した購買データを商品政策や在庫管理，発注管理などに活用するようになりました．

どれだけの売れ行きがあったを分析すれば，毎日の天候予想に基づいて効率的に在庫管理できるようになります．

　今では，大量のデータを蓄積，解析し，そこから有益な知見を引き出し自社のビジネスに活用していくということが当たり前になりつつあり，この動きはさらに加速していくことが予想されます．データから有益な知見を引き出そうとするアプローチのことをデータサイエンスと言いますが，データサイエンスの基礎となっているのが統計学です．近代的な統計学は 20 世紀前半に体系化されましたが，その後も発展を続け，様々な手法が生み出されています．統計学の発展はコンピュータの発展と関わっています．コンピュータの活用により大量のデータを扱うことが可能になり，統計学の手法を用いてそれらのデータを解析することで，有益な情報を引き出すことが可能になります．企業経営における様々な意思決定や問題解決に，統計学によるデータ解析は欠かせないものになっています．

　本書は，ビジネスの現場で使われる統計的手法を，読者が実際に Excel を用いて活用できるようになることを目的としています．Excel は多くの企業で広く使われる表計算ソフトであるとともに，統計解析の機能を豊富に備えています．統計的手法を活用できるようになるための早道は，実際に自ら手を動かしてデータ解析をやってみることです．本書で解説されている手順に従って Excel を操作し，統計的手法の流れを体感してください．大事なことは，統計的手法によりデータを解析した結果から何がわかるのか，問題解決や意思決定にどのように活かせるのかを考えることです．

　統計的手法の流れが身につけば，自分のテーマに関わるデータを統計的に解析することができるようになるはずです．ぜひ，楽しみながら統計を学んでください．

本書で使う Excel データについて

　本書で使う Excel のデータは下記の出版社のホームページからダウンロードすることができます．

　　　https://www.tokyotosho.co.jp/download/unno/

　上記の URL のアクセスすると，本書の第 3 章から第 8 章に登場するデータの Excel ファイルをダウンロードすることができます（第 1 章と第 2 章のデータはありません）．

第1章

データ操作の基本

　統計解析で扱うデータは，多くの場合，列と行から成る表形式に整理しまとめられています[1]．一般に，データを複数集めて，使いやすい形式に整理しまとめたものを「データベース」といいます．データベースには色々な種類がありますが，表形式のデータベースは「リレーショナル型データベース」と呼ばれ，データベースの中でも代表的なものです．

　統計解析はまずデータを集めることから始めます．集めたデータの形式は，必ずしも同じとは限りません．例えば，アンケート結果のデータは，回答者毎に各質問への回答が羅列したものになっているでしょうし，小売チェーンの販売データは店舗毎，日毎，商品毎の販売数量ないし金額がたくさん並んでいるでしょう．解析するためには，それらのデータをそのまま使うのでなく，解析の目的に応じて使いやすい形式にまとめる必要があります．

　本章では，Excel でデータベースを作成したり，データを操作するための基本を学びます．

---

[1]　本書では，構造化データのみを扱います．

1.1　データベースの作成

　次はある企業のアプリ会員のデータです．このデータを Excel のワークシートに入力しましょう．

　ここで，id は会員 ID，gender は性別，age は年齢を意味する**変数**[*2] です．また frequency は，この会員がある期間において商品のレシートを入力した回数を意味する変数です．

id	gender	age	frequency
100001	男性	38	3
100002	女性	24	17
100003	女性	25	30
100004	男性	27	70
100005	男性	27	3
100006	男性	30	2
100007	女性	38	10
100008	女性	13	4
100009	女性	50	8
100010	女性	37	34
100011	女性	21	1
100012	男性	16	2
100013	男性	37	40
100014	女性	36	2
100015	男性	41	57
100016	女性	21	4
100017	女性	21	2
100018	男性	52	162
100019	女性	23	1
100020	女性	20	25

[*2] gender や age のように，データによって異なる値（値には，数値だけでなく，「男性」「女性」のような文字も含みます）をとるものを，統計学では**変数**といいます．

手順 1

Excel を立ち上げると，次のようなワークシートが現れます．

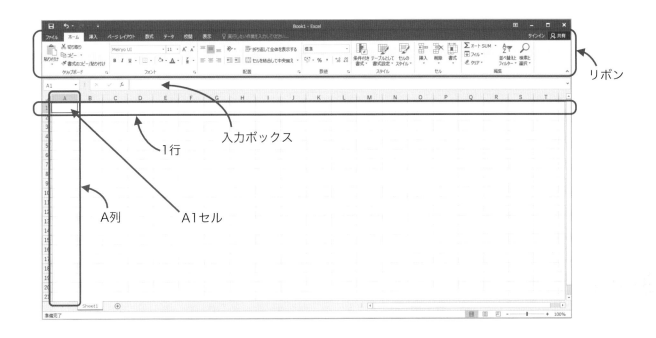

手順 2

データには id，gender，age，frequency の 4 つの変数があります．これらを入力するために，A1 から D1 のセルを選択します．

手順 3

A1 セルから変数名を入力していきます．最初は id です．

	A	B	C	D	E
1	id				
2					
3					
4					
5					
6					
7					
8					

id を入力して，Enter キーを押すと，セルは右へ 1 つ移動します．

	A	B	C	D	E
1	id				
2					
3					
4					
5					
6					
7					
8					

　同様に，gender，age，frequency をそれぞれ入力します．最後まで入力して Enter キーを押すと，カーソルは A2 セルに移動するので，A2 から D2 のセルを選択します．

	A	B	C	D	E
1	id	gender	age	frequency	
2					
3					
4					
5					
6					
7					
8					

手順4

A2 セルから順にデータを入力していきます.

	A	B	C	D	E
1	id	gender	age	frequency	
2	100001				
3					
4					
5					
6					
7					
8					

最後まで入力して Enter キーを押すと,カーソルは A3 セルに移動するので,A3 から D3 のセルを選択します.

	A	B	C	D	E
1	id	gender	age	frequency	
2	100001	男性	38	3	
3					
4					
5					
6					
7					
8					

手順 5

この作業を繰り返して，最後の id が 10020 のデータまで入力できれば，データベースが完成します．

	A	B	C	D	E
1	id	gender	age	frequency	
2	100001	男性	38	3	
3	100002	女性	24	17	
4	100003	女性	25	30	
5	100004	男性	27	70	
6	100005	男性	27	3	
7	100006	男性	30	2	
8	100007	女性	38	10	
9	100008	女性	13	4	
10	100009	女性	50	8	
11	100010	女性	37	34	
12	100011	女性	21	1	
13	100012	男性	16	2	
14	100013	男性	37	40	
15	100014	女性	36	2	
16	100015	男性	41	57	
17	100016	女性	21	4	
18	100017	女性	21	2	
19	100018	男性	52	162	
20	100019	女性	23	1	
21	100020	女性	20	25	
22					

注意 1.1

データベースは，このように 1 行目に変数名があり，2 行目以降に実際のデータが入力されている形式が一般的です．変数名とデータを合わせたものを**テーブル**と呼びます．

1.2　列・行の挿入

gender 列（B 列）の右に 1 列挿入したいと思います．

手順 1

まず C をクリックします．すると，age 列（C 列）全体が選択されます．

手順 2

次に，**ホーム**の中から**挿入**を選択します．

手順 3

挿入をクリックすると，次のように新しい列が挿入されます．

行の挿入も同様にできます.

手順 1

まず 6 をクリックして 6 行全体を選択し，**ホーム**の中から**挿入**を選択します.

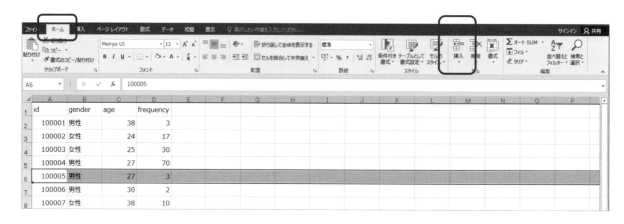

手順 2

挿入をクリックすると，次のように新しい行が挿入されます.

	A	B	C	D	E	F
1	id	gender		age	frequency	
2	100001	男性		38	3	
3	100002	女性		24	17	
4	100003	女性		25	30	
5	100004	男性		27	70	
6						
7	100005	男性		27	3	
8	100006	男性		30	2	

　挿入した行を削除するときは，次のように削除したい行を選択し，**ホーム**の中の**削除**をクリックすれ
ばできます．

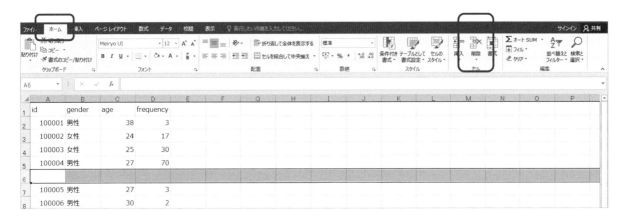

1.3　新しい変数の追加

　変数名 gender の列には，"男性"もしくは"女性"というように日本語のデータが入力されています．
今後データ分析を進めるにあたり，日本語は扱いにくいので，これを数値に変換したいと思います．こ
こでは，"男性"＝ 1，"女性"＝ 0 に変換してみます．

手順 1

　先程挿入した C 列の先頭のセル C1 に，gender_type と入力します．

手順2

C2 セルに，関数の式「=IF(B2="男性",1,0)」を入力します．「男性」という日本語の文字は「""」
（クォーテーションマーク）で囲んでください．

C2		▼ ⋮	× ✓	f_x	=IF(B2="男性",1,0)	
◢	A	B	C	D	E	F
1	id	gender	gender_ty	age	frequency	
2	100001	男性	1	38	3	
3	100002	女性		24	17	
4	100003	女性		25	30	
5	100004	男性		27	70	
6	100005	男性		27	3	
7	100006	男性		30	2	
8	100007	女性		38	10	

IF(, ,) という式は，ある条件が正しいか正しくないかに応じて値を決める**関数**です．B2="男性"
の部分は論理式あるいは条件式と言われるもので，B2 セルの値を参照してこの条件に合っているかを
判断します．B2 セルの値がこの条件に合っていれば，C2 セルには値 1 が入力されます．もし B2 セル
の値がこの条件に合っていなければ，C2 セルには値 0 が入力されます．

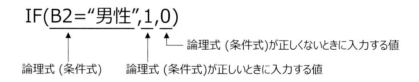

id = 100001 のデータは男性なので，C2 のセルの値は 1 となります．

手順3

同様にして，セル C3 〜 C21 まで，それぞれ式「=IF(B3="男性",1,0)」〜「=IF(B21="男性",1,0)」
を入力していきます．

	A	B	C	D	E	F
	id	gender	gender_ty	age	frequency	
1						
2	100001	男性	1	38	3	
3	100002	女性	0	24	17	
4	100003	女性	0	25	30	
5	100004	男性	1	27	70	
6	100005	男性	1	27	3	
7	100006	男性	1	30	2	
8	100007	女性	0	38	10	
9	100008	女性	0	13	4	
10	100009	女性	0	50	8	
11	100010	女性	0	37	34	
12	100011	女性	0	21	1	
13	100012	男性	1	16	2	
14	100013	男性	1	37	40	
15	100014	女性	0	36	2	
16	100015	男性	1	41	57	
17	100016	女性	0	21	4	
18	100017	女性	0	21	2	
19	100018	男性	1	52	162	
20	100019	女性	0	23	1	
21	100020	女性	0	20	25	

C2 の数式バー: =IF(B2="男性",1,0)

注意 1.2

入力し終わったら，こまめに保存しておくようにしましょう．

1.4　データの検索

データベースのデータの中から，ある条件に当てはまるものを抽出するということがしばしばあります．ここでは，性別と年齢，レシート入力回数について条件を設定し，データを抽出してみましょう．

手順1

カーソルをセル A1 に置き，次にリボンの中の**データ**の中から**フィルター**を選択します．

	A	B	C	D	E	F
1	id	gender	gender_ty	age	frequency	
2	100001	男性	1	38	3	
3	100002	女性	0	24	17	
4	100003	女性	0	25	30	
5	100004	男性	1	27	70	
6	100005	男性	1	27	3	
7	100006	男性	1	30	2	
8	100007	女性	0	38	10	

手順2

変数名の右側に下向きの三角形の記号が表示されるので，gender の右の三角形をクリックします．

	A	B	C	D	E	F
1	id ▼	gender ▼	gender_ty ▼	age ▼	frequency ▼	
2	100001	男性	1	38	3	
3	100002	女性	0	24	17	
4	100003	女性	0	25	30	
5	100004	男性	1	27	70	
6	100005	男性	1	27	3	
7	100006	男性	1	30	2	
8	100007	女性	0	38	10	

手順 3

このようなボックスが表示されるので，その中の**女性**だけを選択し OK を押します.

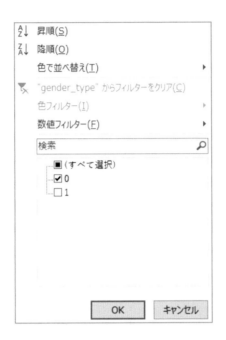

このように女性だけのデータが抽出されます.

	A	B	C	D	E	F
1	id ▼	gender ▼	gender_ty ▼	age ▼	frequency ▼	
3	100002	女性	0	24	17	
4	100003	女性	0	25	30	
8	100007	女性	0	38	10	
9	100008	女性	0	13	4	
10	100009	女性	0	50	8	
11	100010	女性	0	37	34	
12	100011	女性	0	21	1	
15	100014	女性	0	36	2	
17	100016	女性	0	21	4	
18	100017	女性	0	21	2	
20	100019	女性	0	23	1	
21	100020	女性	0	20	25	
22						

手順4

　さらに，女性のデータの中から年齢が 30 歳以上のデータだけ抽出してみます．age の右の三角形を
クリックし，表示されたボックスで次のように条件を入力し，最後に OK を押します．

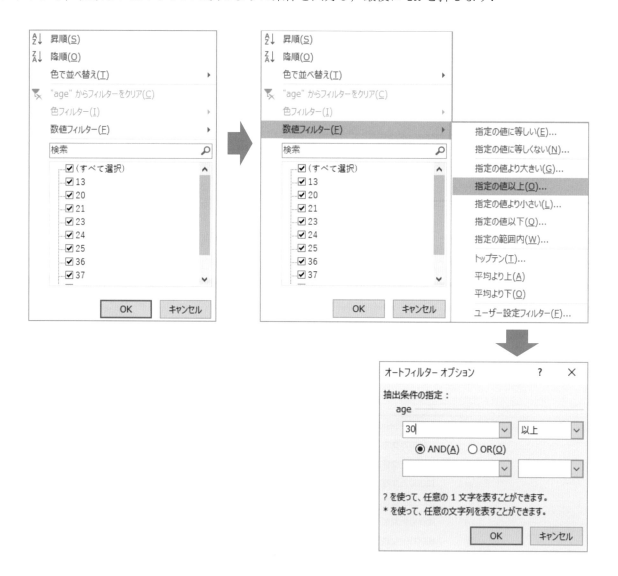

　次のように，30 歳以上の女性だけのデータが抽出されました．

	A	B	C	D	E
1	id	gender	gender_ty	age	frequency
8	100007	女性	0	38	10
10	100009	女性	0	50	8
11	100010	女性	0	37	34
15	100014	女性	0	36	2

手順5

　最後に，30歳以上の女性の中からレシート入力回数が30回以上のデータだけ抽出してみます．
frequencyの右の三角形をクリックし，表示されたボックスで次のように条件を入力します．

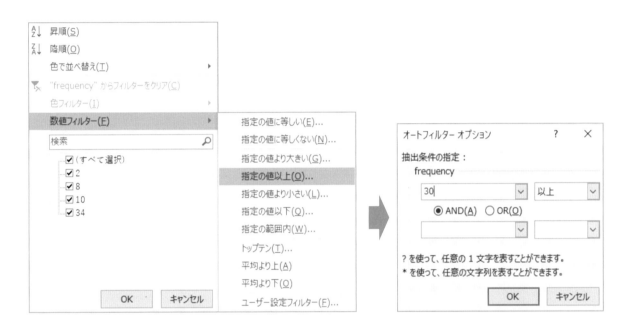

　次のように，30歳以上の女性でレシート入力回数が30回以上のデータが抽出されました．

	A	B	C	D	E
1	id	gender	gender_ty	age	frequency
11	100010	女性	0	37	34

注意 1.3

フィルターによって抽出したデータだけを使いたいときは，変数名と（抽出された）データをコピー
し，別のシートに貼り付け（ペースト）します．

1.5　データの並べ替え（ソート）

　データをある順に並べ替えたいというときもしばしばあります．ここでは，レシートの入力回数の多
い順に並べ替えをしてみます．

手順 1

カーソルをセル A1 に置き，次にリボンの中の**データ**の中から**並べ替え**を選択します．

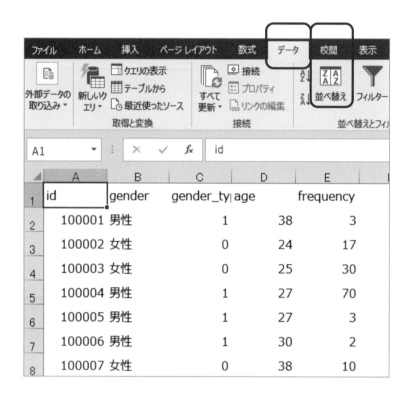

すると，次のような画面が現れます．

手順2

最優先されるキーをクリックすると変数名が現れるので，frequency を選択します.

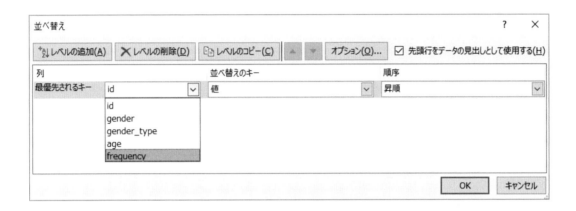

手順3

順序をクリックし，昇順を選択します.

すると，次のようにレシートの入力回数の多い順に全てのデータから並び替えられます．

	A	B	C	D	E	F
1	id	gender	gender_type	age	frequency	
2	100018	男性	1	52	162	
3	100004	男性	1	27	70	
4	100015	男性	1	41	57	
5	100013	男性	1	37	40	
6	100010	女性	0	37	34	
7	100003	女性	0	25	30	
8	100020	女性	0	20	25	
9	100002	女性	0	24	17	
10	100007	女性	0	38	10	
11	100009	女性	0	50	8	
12	100008	女性	0	13	4	
13	100016	女性	0	21	4	
14	100001	男性	1	38	3	
15	100005	男性	1	27	3	
16	100006	男性	1	30	2	
17	100012	男性	1	16	2	
18	100014	女性	0	36	2	
19	100017	女性	0	21	2	
20	100011	女性	0	21	1	
21	100019	女性	0	23	1	
22						

1.6　データの集計

　データをある基準に従ってグループ分け（カテゴリー分け，カテゴライズ）し，それぞれのグループ（カテゴリー）毎に集計してみます．ここでは，レシートの入力回数について，次のようにグループ分けします．

　優良　　：レシート入力回数が 30 回以上の会員
　準優良　：レシート入力回数が 5 回以上 30 回未満の会員
　いちげん　：レシート入力回数が 4 回以下の会員

手順 1

F1 セルに customer_type という新たな変数名を入力します.

F1		× ✓ _fx_	customer_type			
	A	B	C	D	E	F
1	id	gender	gender_ty|	age	frequency	er_type
2	100018	男性	1	52	162	
3	100004	男性	1	27	70	
4	100015	男性	1	41	57	
5	100013	男性	1	37	40	
6	100010	女性	0	37	34	
7	100003	女性	0	25	30	
8	100020	女性	0	20	25	

手順 2

F2 セルに, 関数の式「=IF(E2>=30,"優良",IF(E2>=5,"準優良","いちげん"))」を入力します.

F2		× ✓ _fx_	=IF(E2>=30,"優良",IF(E2>=5,"準優良","いちげん"))				
	A	B	C	D	E	F	G
1	id	gender	gender_ty|	age	frequency	customer_type	
2	100018	男性	1	52	162	優良	
3	100004	男性	1	27	70		
4	100015	男性	1	41	57		
5	100013	男性	1	37	40		
6	100010	女性	0	37	34		
7	100003	女性	0	25	30		
8	100020	女性	0	20	25		

今度の式は IF 関数が二重になっていますが, これは次のような構造になっています.

```
もし（IF）┬ E2セルの値が      → F2セルに「優良」
          │ 30以上（>=30）        という値を入力
          │
          └ E2セルの値が      →  もし（IF）┬ E2セルの値が   →F2セルに「準優良」
            30以上（>=30）                  │ 5以上（>=5）      という値を入力
            でない                          │
                                            └ E2セルの値が   →F2セルに「いちげん」
                                              5以上（>=5）      という値を入力
                                              でない
```

手順3

同様にして，セル F3 〜 F21 まで，それぞれ式「=IF(E3>=30,"優良",IF(E3>=5,"準優良","いちげん"))」〜「=IF(E21>=30,"優良",IF(E21>=5,"準優良","いちげん"))」を入力していきます.

F2		fx	=IF(E2>=30,"優良",IF(E2>=5,"準優良","いちげん"))			
	A	B	C	D	E	F	G
1	id	gender	gender_ty	age	frequency	customer_type	
2	100018	男性	1	52	162	優良	
3	100004	男性	1	27	70	優良	
4	100015	男性	1	41	57	優良	
5	100013	男性	1	37	40	優良	
6	100010	女性	0	37	34	優良	
7	100003	女性	0	25	30	優良	
8	100020	女性	0	20	25	準優良	
9	100002	女性	0	24	17	準優良	
10	100007	女性	0	38	10	準優良	
11	100009	女性	0	50	8	準優良	
12	100008	女性	0	13	4	いちげん	
13	100016	女性	0	21	4	いちげん	
14	100001	男性	1	38	3	いちげん	
15	100005	男性	1	27	3	いちげん	
16	100006	男性	1	30	2	いちげん	
17	100012	男性	1	16	2	いちげん	
18	100014	女性	0	36	2	いちげん	
19	100017	女性	0	21	2	いちげん	
20	100011	女性	0	21	1	いちげん	
21	100019	女性	0	23	1	いちげん	

これで，全てのデータを「優良」「準優良」「いちげん」の3つのグループに分類できました.

手順4

次に，3つのグループにそれぞれ会員が何人含まれるかを集計します．まず，次のように入力します．

	A	B	C	D	E	F	G	H	I
1	id	gender	gender_type	age		frequency	customer_type			
2	100018	男性	1	52		162	優良		優良	
3	100004	男性	1	27		70	優良		準優良	
4	100015	男性	1	41		57	優良		いちげん	
5	100013	男性	1	37		40	優良			
6	100010	女性	0	37		34	優良			
7	100003	女性	0	25		30	優良			
8	100020	女性	0	20		25	準優良			

手順5

I2 セルに，関数の式「=COUNTIF(F2:F21,"優良")」を入力します．これは，F2 セル〜 F21 セルの範囲で「優良」という値が入っているセルの数を数える関数の式です．

I2		× ✓ *fx*	=COUNTIF(F2:F21,"優良")						
	A	B	C	D	E	F	G	H	I
1	id	gender	gender_ty	age		frequency	customer_type			
2	100001	男性	1	38		3	いちげん		優良	6
3	100002	女性	0	24		17	準優良		準優良	
4	100003	女性	0	25		30	優良		いちげん	
5	100004	男性	1	27		70	優良			
6	100005	男性	1	27		3	いちげん			

手順6

　さらに，I3 セルに式「=COUNTIF(F2:F21,"準優良")」を，I4 セルに式「=COUNTIF(F2:F21,"いちげん")」を入力します．

I4			✕	✓	*fx*	=COUNTIF(F2:F21,"いちげん")			
	A	B	C	D	E	F	G	H	I
1	id	gender	gender_ty	age	frequency	customer_type			
2	100001	男性	1	38	3	いちげん		優良	6
3	100002	女性	0	24	17	準優良		準優良	4
4	100003	女性	0	25	30	優良		いちげん	10
5	100004	男性	1	27	70	優良			
6	100005	男性	1	27	3	いちげん			

　これで，優良会員が６人，準優良会員が４人，いちげん会員が１０人いることがわかりました．

第 2 章

データの可視化と分布

　前章では，表形式のデータベースを作成したり，データを操作するための基本を学びました．

　データを入手しデータベースの形に整理したら，次に行うのは，データ全体の特徴を捉えることです．しかしながら，整理されたデータベースは元のデータよりかなり見やすくなっているとはいえ，データの全体的な特徴を掴むことは容易ではありません．特に，データのサイズ（具体的には，行数）が大きいと，全てのデータを見るだけでも大変です．

　本章では，データを集計したりグラフ化することにより，データ全体の特徴を捉える方法を学びます．これを可視化すると言います．

2.1　グラフの作成

　次は，前章に登場したアプリ会員のデータです．前章で作成した gender_type と customer_type の列が既に入っています．また，H 列と I 列には，customer_type の集計も入っています．

	A	B	C	D	E	F	G	H	I
1	id	gender	gender_type	age	frequency	customer_type			
2	100001	男性	1	38	3	いちげん		優良	6
3	100002	女性	0	24	17	準優良		準優良	4
4	100003	女性	0	25	30	優良		いちげん	10
5	100004	男性	1	27	70	優良			
6	100005	男性	1	27	3	いちげん			
7	100006	男性	1	30	2	いちげん			
8	100007	女性	0	38	10	準優良			
9	100008	女性	0	13	4	いちげん			
10	100009	女性	0	50	8	準優良			
11	100010	女性	0	37	34	優良			
12	100011	女性	0	21	1	いちげん			
13	100012	男性	1	16	2	いちげん			
14	100013	男性	1	37	40	優良			
15	100014	女性	0	36	2	いちげん			
16	100015	男性	1	41	57	優良			
17	100016	女性	0	21	4	いちげん			
18	100017	女性	0	21	2	いちげん			
19	100018	男性	1	52	162	優良			
20	100019	女性	0	23	1	いちげん			
21	100020	女性	0	20	25	準優良			

　それでは，このデータを使って，20 名の会員の特徴を可視化してみましょう．可視化とは，データの特徴やデータ相互の関係性を目に見える形に表すことで，グラフにすることはその代表的な方法の一つです．

　手始めに，前章の最後で分類，集計した顧客のタイプ customer_type をグラフにしてみましょう．

手順1

　セル H2 から I4 を選択し，リボンの**挿入**のグラフメニューの中の **2-D 円**を選択します．

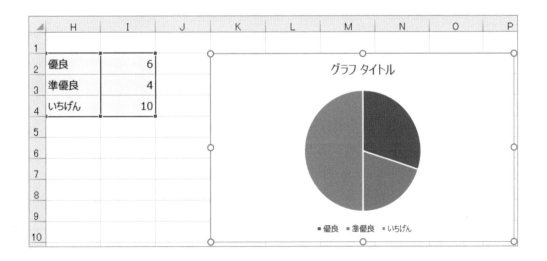

手順2

　このような円グラフが作成されます．

手順 3

　グラフのタイトルを修正します．グラフのどこかをクリックし，次にタイトル文字をクリックすると
編集できるようになります．

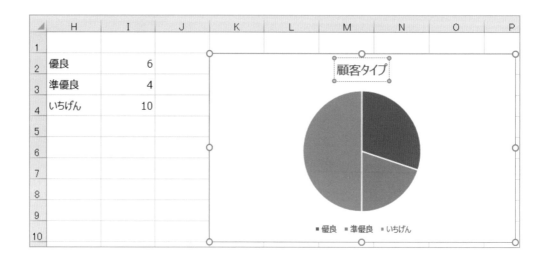

手順 4

　グラフの中に構成率（％）の値を入れてみます．グラフをクリックし，次にリボンのグラフツールのデ
ザインの中のグラフ要素を追加をクリックし，現れたメニューのデータラベルを選択し，その中のその
他のデータラベルオプションを選択します．

手順5

次のボックスが現れるので，パーセンテージを選択します（値（V）が選択されていたら，外しておきましょう）.

すると，このようにパーセンテージが表示されます.

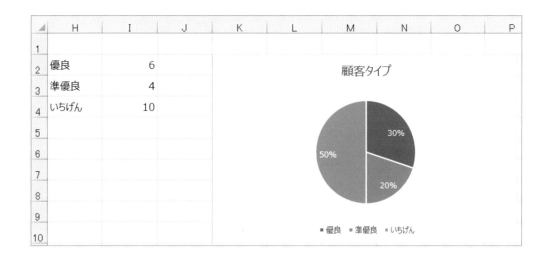

このように，20名の中での顧客のタイプの構成を可視化するには，円グラフが便利です．しかし，円

グラフ以外のグラフ（棒グラフなど）を用いても，同様の可視化は可能です．Excel には多様なグラフを作成する機能があります．ぜひ試してみてください．

2.2　クロス集計表の作成

前節では，`customer_type` という一つの変数に着目して可視化しました．統計解析では，2 つ以上の変数の間の関係について分析するケースが多くあります．2 つの変数間の関係を可視化する方法の一つに**クロス集計表**があります．ここでは，性別と年齢の関係をクロス集計表で可視化してみます．

但し，年齢は 1 歳刻みになっていて，このままだとこの 20 名のデータ全体としての特徴が分かりづらいです．そこで，最初に会員を年代別に分類してみましょう．やり方は前章で行なったレシートの入力回数 `frequency` で会員を「優良」「準優良」「いちげん」の 3 つのカテゴリに分類した方法と同様です．

手順 1

`age` の列（D 列）の右側に 1 列挿入します．

	A	B	C	D	E	F	G
1	id	gender	gender_ty	age		frequency	customer_type
2	100001	男性	1	38		3	いちげん
3	100002	女性	0	24		17	準優良
4	100003	女性	0	25		30	優良
5	100004	男性	1	27		70	優良
6	100005	男性	1	27		3	いちげん

手順 2

挿入した新たな列 E 列の 1 行目に，新しい列名として `Age_stage` と入力します．

E1		×	✓	fx	Age_stage	

	A	B	C	D	E	F	G
1	id	gender	gender_ty	age	Age_stage	frequency	customer_type
2	100001	男性	1	38		3	いちげん
3	100002	女性	0	24		17	準優良
4	100003	女性	0	25		30	優良
5	100004	男性	1	27		70	優良
6	100005	男性	1	27		3	いちげん

手順3

Age_stage 列の 2 行目に，前章でやったように，IF( ) 関数を使って，年齢から年代に変換してみましょう．

年代は，20 歳未満（10 歳未満も含みます）を「10 代」，30 歳未満を「20 代」，40 歳未満を「30 代」，50 歳未満を「40 代」，60 歳未満を「50 代」，70 歳未満を「60 代」，70 歳以上を「70 代以上」という年代区分に変換するものとします．

E2 セルに IF 関数の式「=IF(D2<20,"10 代",IF(D2<30,"20 代",IF(D2<40,"30 代",IF(D2<50,"40 代",IF(D2<60,"50 代",IF(D2<70,"60 代","70 代以上"))))))」を入力します．

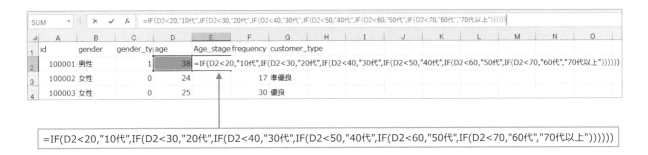

2 行目以降は，1 行目の式をコピーします．こうして，会員を年代別に分類することができました．

それでは，クロス集計表を作成してみましょう．ここでは，性別 gender と年代 Age_stage の関係をクロス集計表で可視化します．クロス集計表とは，男性と女性それぞれについて，年齢段階別に何人の会員がいるのかを集計した表です．

手順1

A1 セルにカーソルを置き，挿入メニューにあるピボットテーブルを選択します．

手順 2

　このようなボックスが現れるので，**テーブルまたは範囲を選択**でデータの全てが選択されていること
を確認し，OK を押します．ピボットテーブルの配置場所は新規ワークシートとしておきます．

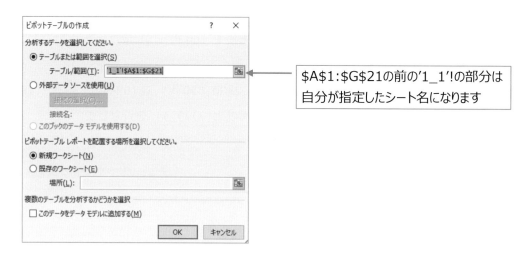

手順 3

　新しいワークシートが作成され，ピボットテーブルのエリアと，次のようなピボットテーブルの
フィールドの設定ボックスが現れます．

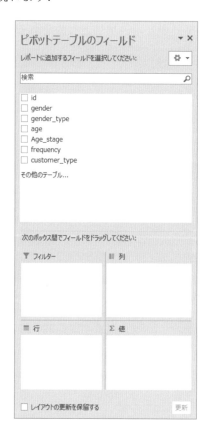

手順4

上の方に一覧表示されている項目名をドラッグし，列フィールドに Age_stage，行フィールドに gender，そして値フィールドに id をそれぞれ設定します．

手順 5

そうすると，次のようなクロス集計表ができあがります．

合計 / id	列ラベル ▼					
行ラベル ▼	10代	20代	30代	40代	50代	総計
女性	100008	700088	300031		100009	1200136
男性	100012	200009	300020	100015	100018	800074
総計	200020	900097	600051	100015	200027	2000210

手順6

集計された数値を見ると，ずいぶんと大きな桁の数値が並んでいます．実は，これは id の番号を足してしまっているのです．そこで，これを会員数に変更します．

フィールドの設定ボックスの中の id の右端の下向きの▼をクリックします．すると，次のメニューが現れるので，一番下の値フィールドの設定を選択します．

手順 7

集計方法が合計となっているので，これをデータの個数に変え，OK を押します．

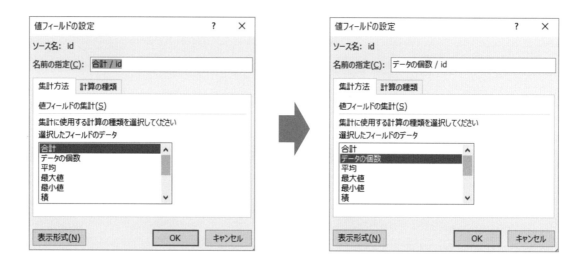

クロス集計表は次のようになりました．

個数 / id	列ラベル					
行ラベル	10代	20代	30代	40代	50代	総計
女性	1	7	3		1	12
男性	1	2	3	1	1	8
総計	2	9	6	1	2	20

このクロス集計表から，女性は 20 代が特に多いのに対し，男性は 30 代がやや多いことがわかります．

2.3 度数分布表とヒストグラムの作成

クロス集計表を見てわかるように，会員は各年代にばらついていて，かつ年代毎の会員数は必ずしも均一ではありません．このように，ある範囲に値がばらついていることを**分布**といいます．データがどのように分布しているかを可視化することも，統計解析の第一歩です．分布を可視化する代表的な方法はヒストグラムを作成することです．

ここでは，男女を分けずに，20 名の会員全員の年代のヒストグラムを作ります．ヒストグラムを作るためには，まず**度数分布表**を作成することから始めます．

手順 1

I 列から K 列に次のように入力します．

	A	B	C	D	E	F	G	H	I	J	K
1	user_id	gender	gender_type	age	Age_stage	frequency	customer_type		age		
2	100001	男性	1	38	30代	3	いちげん		最大値		
3	100002	女性	0	24	20代	17	準優良		最小値		
4	100003	女性	0	25	20代	30	優良				
5	100004	男性	1	27	20代	70	優良		階級	度数	累積度数
6	100005	男性	1	27	20代	3	いちげん				

手順 2

度数分布表を作るために，最初に年齢がどれくらいの範囲で分布しているかを調べます．そのために，年齢の最大値と最小値を求めます．最大値は MAX( ) 関数で求めることができます．J2 セルに式「=MAX(D2:D21)」を入力します．MAX( ) 関数の（ ）内には age 列の 2 行目から 21 行目の範囲を指定します．

SUM		× ✓ fx	=MAX(D2:D21)							
	A	B	C	D	E	F	G	H	I	J	K
1	id	gender	gender_ty	age	Age_stage	frequency	customer_type		age		
2	100001	男性	1	38	30代	3	いちげん		最大値	=MAX(D2:D21)	
3	100002	女性	0	24	20代	17	準優良		最小値		
4	100003	女性	0	25	20代	30	優良				
5	100004	男性	1	27	20代	70	優良		階級	度数	累積度数
6	100005	男性	1	27	20代	3	いちげん				

同様に，最小値は MIN( ) 関数で求めることができます．J3 セルに式「=MIN(D2:D21)」を入力します．

SUM	▾	┊	×	✓	f_x	=MIN(D2:D21)				

◢	A	B	C	MIN(数値1, [数値2], ...)		F	G	H	I	J	K
1	id	gender	gender_ty	age	Age_stage	frequency	customer_type		age		
2	100001	男性	1	38	30代	3	いちげん		最大値	52	
3	100002	女性	0	24	20代	17	準優良		最小値	=MIN(D2:D21)	
4	100003	女性	0	25	20代	30	優良				
5	100004	男性	1	27	20代	70	優良		階級	度数	累積度数
6	100005	男性	1	27	20代	3	いちげん				

年齢は 13 歳から 52 歳の範囲に分布していることがわかりました.

手順 3

次に,**度数分布表**を作ります.度数分布表とは,データをある幅ごとに区切り,その幅の範囲に含まれるデータの個数を表にまとめたものです.また,その幅のことを**階級**といいます.

度数分布表を作るには,まず階級を設定します.年齢が 13 歳から 52 歳の範囲に分布しているので,階級の幅を 10 歳にとり,各階級を「20 歳以下」「21 歳以上 30 歳以下」「31 歳以上 40 歳以下」「41 歳以上 50 歳以下」「51 歳以上 60 歳以下」というようにします.そこで,次のように,階級の区切りとなる数値を入力します.階級の区切りとなる数値は,各階級の幅の上限になります.この 20 名のデータには 60 歳以上の会員はいませんが,以下では「61 歳以上 70 歳以下」「71 歳以上 80 歳以下」という区間も作っておくことにします.

◢	A	B	C	D	E	F	G	H	I	J	K
1		gender	gender_type	age	Age_stage	frequency	customer_type		age		
2	100001	男性	1	38	30代	3	いちげん		最大値	52	
3	100002	女性	0	24	20代	17	準優良		最小値	13	
4	100003	女性	0	25	20代	30	優良				
5	100004	男性	1	27	20代	70	優良		階級	度数	累積度数
6	100005	男性	1	27	20代	3	いちげん			20	
7	100006	男性	1	30	30代	2	いちげん			30	
8	100007	女性	0	38	30代	10	準優良			40	
9	100008	女性	0	13	10代	4	いちげん			50	
10	100009	女性	0	50	50代	8	準優良			60	
11	100010	女性	0	37	30代	34	優良			70	
12	100011	女性	0	21	20代	1	いちげん			80	

なお,階級をこのように設定した場合,`Age_stage` 列で分類した年齢段階と一致しないデータが出てきます.`Age_stage` 列では,年齢段階を「20 歳未満」「30 歳未満」「40 歳未満」「50 歳未満」「60 歳未満」「70 歳未満」「70 歳以上」としました.このため,例えば 20 歳の会員は `Age_stage` 列では「20 代」になりますが,度数分布表では「20 歳以下」という階級に入ります.もし,度数分布表の階級を `Age_stage`

列の分類に合わせたければ，階級の区切りを $20, 30, 40, 50, 60, 70, 80$ とせずに，$19, 29, 39, 49, 59, 69, 79$ とします．このような区切りにしなければならない理由は，以下で示すように，Excel では度数分布表を作成するための関数が区切りの数値「未満」ではなく「以下」となるように計算するからです．

手順4

　次に，階級の区切りまでの**累積度数**を求めます．累積度数とは，最小値から階級の区切り値以下の範囲に含まれるデータの個数（つまり，会員数）を言います．累積度数を求める関数は FREQUENCY( ) です．まず，K6 セルに式「=FREQUENCY($D$2:$D$21,I6)」を入力します．この式の引数[1] I6 が階級の区切り値です．

K7 セル以下に K6 セルの式をコピーします[2]．

----

[1]　関数の（ ）内に入る値を**引数**といいます．

[2]　K6 セルの式「=FREQUENCY($D$2:$D$21,I6)」ではデータの範囲を $D$2:$D$21 のように絶対参照にしているため，この式をそのまま K7 セル以下にコピーしてもデータ範囲はずれません．

手順 5

累積度数から各階級毎の度数を求めます．そのために，まず，J6 セルに式「=K6」を入力します．

次に，J7 セルに式「=K7-K6」を入力します．各階級の区切り値毎に累積度数の差をとると，それが各階級の度数になります．

以下のセルにも J7 セルの式をコピーすると，全ての階級の度数が得られます．

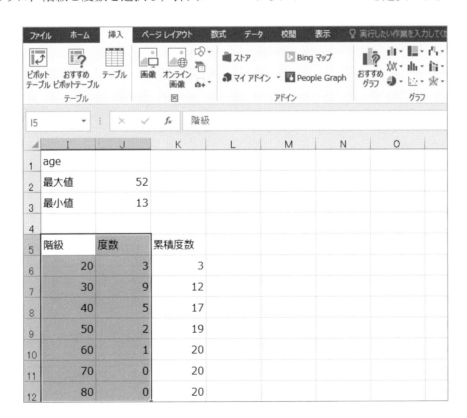

これで度数分布表が完成しました．この度数分布表からヒストグラムを作ります．

手順 6

次のように，階級と度数を選択し，挿入メニューからグラフメニューを選択します．

2-D 縦棒グラフを選択します.

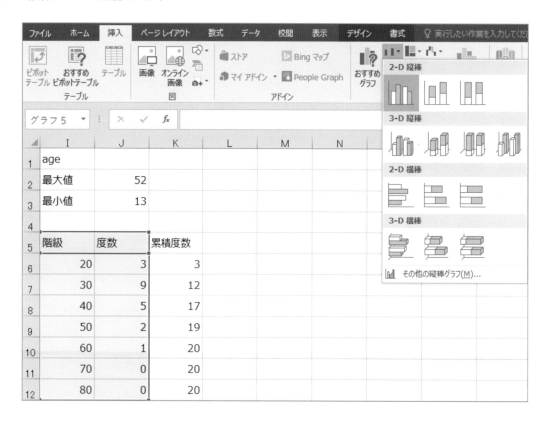

すると，次のようにグラフができます.

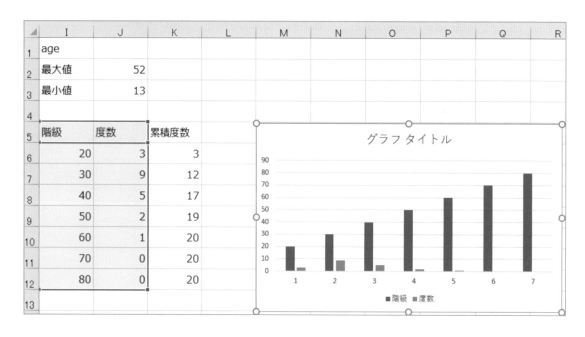

　棒グラフがこのようになっているときは，Excel が階級と度数を関連のない別々のデータと認識しています. そこで，グラフの設定を修正して，階級が横軸になるようにします.

グラフツールのデザインの中のデータの選択を選びます.

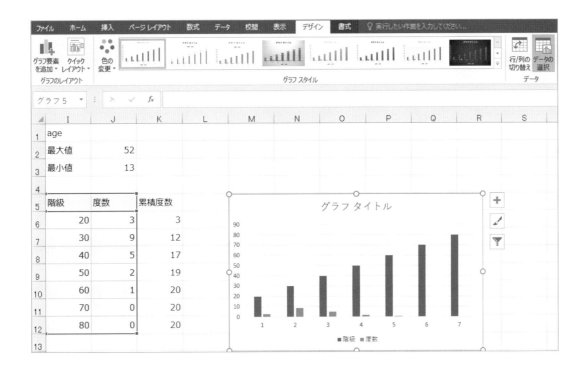

次のボックスが現れるので, 右側の**横（項目）軸ラベル**にある**編集**ボタンを押します.

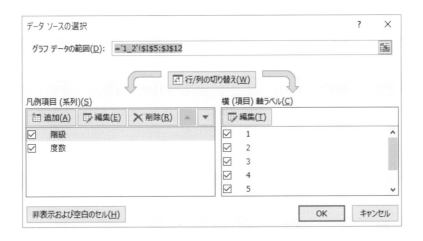

下図の左側のボックスが現れるので, **軸ラベルの範囲**の右側のマークを押します. 現れたボックスで, I5～I12 セルの範囲を選択し, OK ボタンを押します.

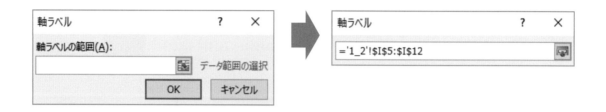

更に，左側の凡例項目（系列）の枠内に表示されている階級のチェックをはずします．

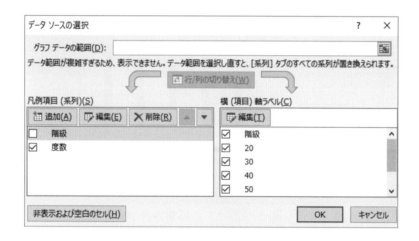

OK を押すと，横軸が階級になった棒グラフが作成されます．縦軸は度数です．

しかし，これはヒストグラムではありません．ヒストグラムは棒グラフではなく，棒と棒の間に隙間は作りません．そこで，グラフツールの書式で，棒と棒の間の距離を 0 にして，ヒストグラムに変更します．さらに，タイトルなどを適宜修正すると，次のようにヒストグラムが完成します．

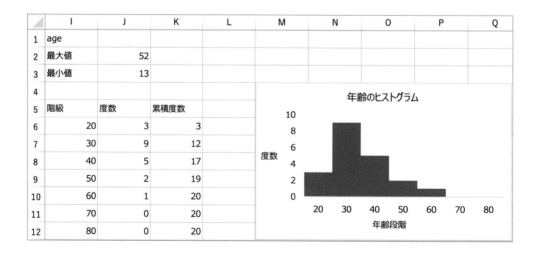

　ヒストグラムは，棒の幅が階級幅と一致します．棒の高さが度数を示しているので，棒の面積は，その階級に属するデータの個数（つまり，会員数）が全体に占める割合を示しています．

　ヒストグラムから，21 歳以上 30 歳以下の階級に属する会員が最も多いことがわかります．

データ分析ツールを使うと，上記の方法より簡単にヒストグラムを作ることができます．

　Excel には統計解析のための種々のツールが実装されています．これらはデータ分析ツールというメニューにまとめられていますが，このメニューは初期設定では表示されません．表示するにはアドインを行う必要があります．今後も頻繁にデータ分析ツールを使うので，ここでアドインの方法を説明します．

手順 1

　まず，**ファイル**メニューから**オプション**を選択します．すると，以下のような画面が現れるので，左側のメニューから**アドイン**を選択します．

手順 2

　次のように，アドイン可能なアプリケーションが一覧表示されるので，その中から**分析ツール**を選択
します．

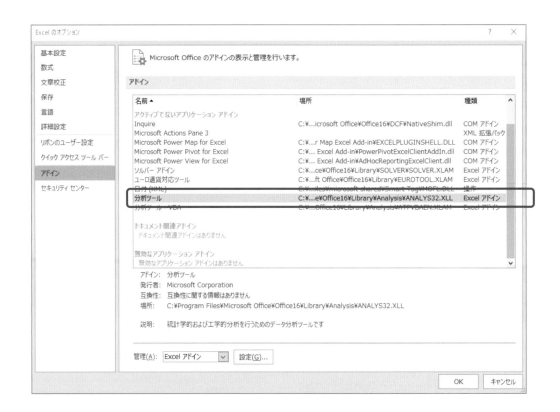

手順 3

　表示されたボックスの中の**分析ツール**にチェックをして，OK を押します．

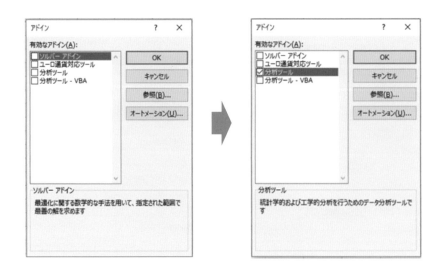

手順4

　次のように，**データ**メニューの右端に**データ分析**と表示されたら，アドインは成功です．

　それでは，このデータ分析ツールを使ってヒストグラムを作ってみます．

手順1

　データ分析ツールを使ってヒストグラムを作成する場合も，最初にデータの範囲（最大値と最小値）を確認し，階級を設定します．ここでは，既に設定してある階級を用いることにします．

手順2

　データ分析をクリックすると，次のようなボックスが表示されます．このボックスの中には，様々な統計解析のツールが表示されています．この中から**ヒストグラム**を選択し，OK を押します．

手順3

　次のようなボックスが表示されます．

　まず，**入力範囲**には，データの範囲を入力します．入力エリアにデータ範囲のセル名を直接入力してもいいですが，入力エリアの右端をクリックし，ワークシート上でデータ範囲を選択して入力すること

もできます．今は年齢のヒストグラムを作成するので verb—age—列（E 列）の 1 行目から 21 行目までを選択します．データの変数名である **age** が入力されている E1 セルから選択してかまいません．このようにすると，後で度数分布表が作られるときに，この変数名も表示されます．ただし，1 行目の変数名を選択するときは，ボックスの**ラベル**にチェックを入れておきます．

次に，**データ区間**に先ほど設定した階級を入力します．I5 セルから I12 セルを選択して入力します．

出力オプションでは，結果を出力したい場所を指定します．ここでは，同じワークシートに出力するので，**出力先**を選び，さらにセル名を指定します．

ヒストグラムも一緒に作成したいので，**グラフ作成**にもチェックを入れておきます．

これで準備ができました．OK を押します．

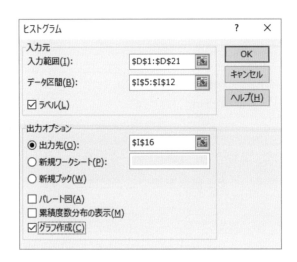

次のように，度数分布表とヒストグラムが作成されました（ヒストグラムのタイトルや棒の幅などは適宜調整してください）．先ほど作成した度数分布表やヒストグラムと同じものができていることを確認してください．

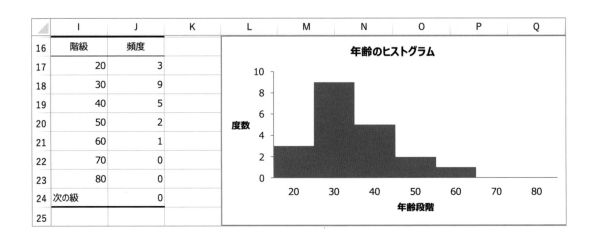

2.4 相対度数

　最後に，上で作成した度数分布表から**相対度数**というものを計算しておきます．度数は各階級に属するデータの個数を表していますが，相対度数は全てのデータ個数に占める各階級ごとの度数の比率です．

手順1

　度数分布表に続けて次のように入力します．ここでは，前に作成した度数分布表をコピーし，別のワークシートに値貼り付けしています．

手順2

　B9 セルに式「=SUM(B2:B8)」を入力し，度数の合計を求めます．さらに，次のように C2 セルに式「=B2/\$B\$9」を入力し，相対度数を求めます．

同様に，全ての階級について相対度数を計算すると，次のようになります．

	A	B	C
	階級	度数	相対度数
1			
2	20	3	0.15
3	30	9	0.45
4	40	5	0.25
5	50	2	0.1
6	60	1	0.05
7	70	0	0
8	80	0	0
9	合計	20	1

相対度数の合計は必ず 1 になります．

第3章

平均と分散，相関

　前章では，データ全体の特徴やデータの分布を可視化する方法を学びました．クロス集計表やヒストグラムを使ってデータを可視化することは，データを分析する第一歩です．しかしながら，例えば2つのデータの分布を比較する場合，それぞれのヒストグラムを目で見て比べても，大まかな特徴しか言うことはできません．分布の特徴をより詳細に捉えるためには，分布の**代表値**（**基本統計量**ともいいます）を求め，これらを比較する必要があります．

　本章では，分布の代表値である**平均**と**分散**，さらに2つのデータ間の相関関係を表す**相関係数**を求める方法を学びます．

3.1　平均と分散

次の表は，12名の成人男性の身長と体重です．このデータはダウンロードできます．

No.	身長 (cm)	体重 (kg)
1	158.1	56.7
2	173	56.9
3	171.7	77.8
4	175.1	60.1
5	174	59.6
6	182.9	51.5
7	166.7	74.2
8	179.5	57.4
9	182.5	88.6
10	191.3	106.9
11	159.3	41.6
12	181.2	91.9

　このデータを使って，12 名の成人男性の身長，体重の平均と分散，さらに標準偏差を求めてみましょう．

3.1.1　平均

　平均はデータの特徴を表す最も基本的な代表値です．平均はデータの分布の中心を表しています．
　平均（正確には**算術平均**）は，次のように計算して求めます．

$$平均　\overline{x} = \frac{x_1 + x_2 + \cdots + x_N}{N} = \frac{1}{N}\sum_{i=1}^{N} x_i$$

ここで，N はデータの個数です．このデータの場合は $N = 12$ です．$x_1, x_2, \cdots, x_N$ はデータの値を表しています．例えば，身長について考えている場合，$x_1 = 158.1, x_2 = 173, \cdots$ というようになります．x_i は $x_1, x_2, \cdots, x_N$ をまとめて表記するときの書き方です．$x_1, x_2, \cdots, x_N$ あるいは x_i を**変数**といいます．平均は，データの合計を計算し，それをデータの個数で割って求めます．
　なお，右辺の $\sum_{i=1}^{N} x_i$ の記号 $\sum_{i=1}^{N}$ は「1 番目から N 番目のまでのデータを合計する」という意味です．
　では，Excel を使って平均を求めてみましょう．

手順 1
　次のように，セル A14 から A16 に，順に合計，データ数，平均と入力します．

	A	B	C	D
1	No.	身長 (cm)	体重 (kg)	
2	1	158.1	56.7	
3	2	173	56.9	
4	3	171.7	77.8	
5	4	175.1	60.1	
6	5	174	59.6	
7	6	182.9	51.5	
8	7	166.7	74.2	
9	8	179.5	57.4	
10	9	182.5	88.6	
11	10	191.3	106.9	
12	11	159.3	41.6	
13	12	181.2	91.9	
14	合計			
15	データ数			
16	平均			
17				

手順 2

身長について，12 名の合計を求めます．合計を求めるには，Excel の関数 SUM( ) を使います．B14 セルに式「=SUM(B2:B13)」を入力します．

	A	B	C
	No.	身長 (cm)	体重 (kg)
1			
2	1	158.1	56.7
3	2	173	56.9
4	3	171.7	77.8
5	4	175.1	60.1
6	5	174	59.6
7	6	182.9	51.5
8	7	166.7	74.2
9	8	179.5	57.4
10	9	182.5	88.6
11	10	191.3	106.9
12	11	159.3	41.6
13	12	181.2	91.9
14	合計	=SUM(B2:B13)	
15	データ数		
16	平均		

SUM ▾ ✕ ✓ fx =SUM(B2:B13)

SUM(**数値1**, [数値2], ...)

手順 3

次に，データの個数を求めます．データの個数を求めるには，関数 COUNT( ) を使います．B15 セルに式「=COUNT(B2:B13)」を入力します．

SUM	▾	⋮	✕	✓	*fx*	=COUNT(B2:B13)	

	A	B	C
1	No.	身長 (cm)	体重 (kg)
2	1	158.1	56.7
3	2	173	56.9
4	3	171.7	77.8
5	4	175.1	60.1
6	5	174	59.6
7	6	182.9	51.5
8	7	166.7	74.2
9	8	179.5	57.4
10	9	182.5	88.6
11	10	191.3	106.9
12	11	159.3	41.6
13	12	181.2	91.9
14	合計	2095.3	
15	データ数	=COUNT(B2:B13)	
16	平均		

手順4

　最後に，データの合計をデータの個数で割ります．B16 セルに式「=B14/B15」を入力します．

SUM	▾	⋮	✕	✓	*fx*	=B14/B15	

	A	B	C	D	E
1	No.	身長 (cm)	体重 (kg)		
2	1	158.1	56.7		
3	2	173	56.9		
4	3	171.7	77.8		
5	4	175.1	60.1		
6	5	174	59.6		
7	6	182.9	51.5		
8	7	166.7	74.2		
9	8	179.5	57.4		
10	9	182.5	88.6		
11	10	191.3	106.9		
12	11	159.3	41.6		
13	12	181.2	91.9		
14	合計	2095.3			
15	データ数	12			
16	平均	=B14/B15			

これで，身長の平均 174.6 が求められました．

同様にして，体重の平均を求めてみましょう．次のようになれば正解です．

	A	B	C	D
1	No.	身長 (cm)	体重 (kg)	
2	1	158.1	56.7	
3	2	173	56.9	
4	3	171.7	77.8	
5	4	175.1	60.1	
6	5	174	59.6	
7	6	182.9	51.5	
8	7	166.7	74.2	
9	8	179.5	57.4	
10	9	182.5	88.6	
11	10	191.3	106.9	
12	11	159.3	41.6	
13	12	181.2	91.9	
14	合計	2095.3	823.2	
15	データ数	12	12	
16	平均	174.608333	68.6	
17				

3.1.2 分散と標準偏差

次に，分散と標準偏差を求めてみましょう．分散とは分布のバラツキ度合いを表す基本統計量です．下の 2 つのヒストグラムはどちらも平均が 50 ですが，左側のヒストグラムはデータが広い範囲にバラついている（分布している）のに対し，右側のヒストグラムはデータのバラツキが（左側よりも）小さくなっています．このようにデータの分布のバラツキの大きさを表す数値が分散です．

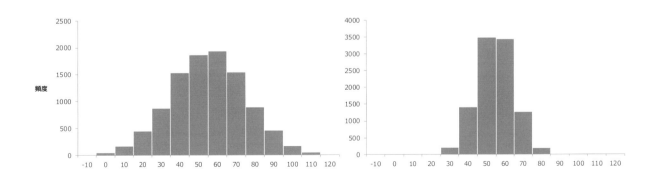

分散は次のように求めます.

$$\text{分散}\quad \sigma^2 = \frac{(x_1 - \overline{x})^2 + (x_2 - \overline{x})^2 + \cdots + (x_N - \overline{x})^2}{N}$$

分散は σ^2（σ は**シグマ**と読む）という記号で表します．ここで，$\overline{x}$ はデータの平均，N はデータの個数を表しています．分子の中の $(x_1 - \overline{x})$ や $(x_2 - \overline{x})$ というのは，データの個々の数値から平均を引き算したもので**偏差**と言います．また，偏差を 2 乗した $(x_1 - \overline{x})^2$ を**偏差平方**といいます．この式の分子は，全てのデータについて偏差平方を求めそれらを全て合計したもので，これを**偏差平方和**といいます．

それでは，Excel で分散を計算してみましょう.

手順 1

先ほど平均を計算したシートに続けて，次のように入力します.

	A	B	C	D	E
1	No.	身長 (cm)	体重 (kg)	身長　偏差	身長　偏差平方和
2	1	158.1	56.7		
3	2	173	56.9		
4	3	171.7	77.8		
5	4	175.1	60.1		
6	5	174	59.6		
7	6	182.9	51.5		
8	7	166.7	74.2		
9	8	179.5	57.4		
10	9	182.5	88.6		
11	10	191.3	106.9		
12	11	159.3	41.6		
13	12	181.2	91.9		
14	合計	2095.3	823.2		
15	データ数	12	12		
16	平均	174.608333	68.6		
17	分散				
18	標準偏差				

手順 2

D2 セルに，1 番目のデータの偏差を求める式「=B2-\$B\$16」を入力します.

| SUM | ▼ | : | × | ✓ | f_x | =B2-$B$16 |

◢	A	B	C	D
1	No.	身長 (cm)	体重 (kg)	身長 偏差
2	1	158.1	56.7	=B2-$B$16
3	2	173	56.9	
4	3	171.7	77.8	
5	4	175.1	60.1	
6	5	174	59.6	
7	6	182.9	51.5	
8	7	166.7	74.2	
9	8	179.5	57.4	
10	9	182.5	88.6	
11	10	191.3	106.9	
12	11	159.3	41.6	
13	12	181.2	91.9	
14	合計	2095.3	823.2	
15	データ数	12	12	
16	平均	174.608	68.6	

手順3

この式を 12 番目のデータまでコピーします．次のように，全てのデータについて偏差を求められます．

	A	B	C	D
1	No.	身長 (cm)	体重 (kg)	身長 偏差
2	1	158.1	56.7	-16.508333
3	2	173	56.9	-1.6083333
4	3	171.7	77.8	-2.9083333
5	4	175.1	60.1	0.49166667
6	5	174	59.6	-0.6083333
7	6	182.9	51.5	8.29166667
8	7	166.7	74.2	-7.9083333
9	8	179.5	57.4	4.89166667
10	9	182.5	88.6	7.89166667
11	10	191.3	106.9	16.6916667
12	11	159.3	41.6	-15.308333
13	12	181.2	91.9	6.59166667
14	合計	2095.3	823.2	
15	データ数	12	12	
16	平均	174.608333	68.6	

手順 4

次に，偏差平方を求めます．E2 セルに偏差平方を求める式「=D2^2」を入力します．

	A	B	C	D	E
SUM　▼　：　✕　✓　*fx*	=D2^2				
1	No.	身長 (cm)	体重 (kg)	身長　偏差	身長　偏差平方和
2	1	158.1	56.7	-16.5083	=D2^2
3	2	173	56.9	-1.60833	
4	3	171.7	77.8	-2.90833	
5	4	175.1	60.1	0.49167	
6	5	174	59.6	-0.60833	
7	6	182.9	51.5	8.29167	
8	7	166.7	74.2	-7.90833	
9	8	179.5	57.4	4.89167	
10	9	182.5	88.6	7.89167	
11	10	191.3	106.9	16.6917	
12	11	159.3	41.6	-15.3083	
13	12	181.2	91.9	6.59167	
14	合計	2095.3	823.2		
15	データ数	12	12		
16	平均	174.608	68.6		

手順 5

　この式を 12 番目のデータまでコピーします．次のように，全てのデータについて偏差平方を求められます．

	A	B	C	D	E
1	No.	身長 (cm)	体重 (kg)	身長 偏差	身長 偏差平方和
2	1	158.1	56.7	-16.508333	272.5250694
3	2	173	56.9	-1.6083333	2.586736111
4	3	171.7	77.8	-2.9083333	8.458402778
5	4	175.1	60.1	0.49166667	0.241736111
6	5	174	59.6	-0.6083333	0.370069444
7	6	182.9	51.5	8.29166667	68.75173611
8	7	166.7	74.2	-7.9083333	62.54173611
9	8	179.5	57.4	4.89166667	23.92840278
10	9	182.5	88.6	7.89166667	62.27840278
11	10	191.3	106.9	16.6916667	278.6117361
12	11	159.3	41.6	-15.308333	234.3450694
13	12	181.2	91.9	6.59166667	43.45006944
14	合計	2095.3	823.2		
15	データ数	12	12		
16	平均	174.608333	68.6		

手順6

さらに，偏差平方和を求めます．E14 セルに式「=SUM(E2:E13)」を入力します．

SUM		✕ ✓ fx	=SUM(E2:E13)		
	A	B	C	身長 偏差	身長 偏差平方和
1	No.	身長 (cm)	体重 (kg)	身長 偏差	身長 偏差平方和
2	1	158.1	56.7	-16.5083	272.5250694
3	2	173	56.9	-1.60833	2.586736111
4	3	171.7	77.8	-2.90833	8.458402778
5	4	175.1	60.1	0.49167	0.241736111
6	5	174	59.6	-0.60833	0.370069444
7	6	182.9	51.5	8.29167	68.75173611
8	7	166.7	74.2	-7.90833	62.54173611
9	8	179.5	57.4	4.89167	23.92840278
10	9	182.5	88.6	7.89167	62.27840278
11	10	191.3	106.9	16.6917	278.6117361
12	11	159.3	41.6	-15.3083	234.3450694
13	12	181.2	91.9	6.59167	43.45006944
14	合計	2095.3	823.2		=SUM(E2:E13)
15	データ数	12	12		
16	平均	174.608	68.6		

手順 7

　最後に，分散を求めます．分散は今計算した偏差平方和をデータの個数で割り算して求めます．E17
セルに式「=E14/B15」を入力します．

SUM	▼	⋮	× ✓ fx	=E14/B15	
	A	B	C	D	E
1	No.	身長 (cm)	体重 (kg)	身長　偏差	身長　偏差平方和
2	1	158.1	56.7	-16.5083	272.5250694
3	2	173	56.9	-1.60833	2.586736111
4	3	171.7	77.8	-2.90833	8.458402778
5	4	175.1	60.1	0.49167	0.241736111
6	5	174	59.6	-0.60833	0.370069444
7	6	182.9	51.5	8.29167	68.75173611
8	7	166.7	74.2	-7.90833	62.54173611
9	8	179.5	57.4	4.89167	23.92840278
10	9	182.5	88.6	7.89167	62.27840278
11	10	191.3	106.9	16.6917	278.6117361
12	11	159.3	41.6	-15.3083	234.3450694
13	12	181.2	91.9	6.59167	43.45006944
14	合計	2095.3	823.2		1058.089167
15	データ数	12	12		
16	平均	174.608	68.6		
17	分散				=E14/B15
18	標準偏差				

　こうして，分散が 88.17... と求められました．

　データの分布のバラツキを表す代表値として分散は頻繁に使われます．しかし，分散の計算式からも
分かるように，分散は元のデータを 2 乗しているため，元のデータの単位と合いません．元のデータの
単位と合わせるには，分散の平方根を求めればできます．これを標準偏差といい，次のように求めます．

$$\sigma = \sqrt{\sigma^2} = \sqrt{\frac{(x_1 - \overline{x})^2 + (x_2 - \overline{x})^2 + \cdots + (x_N - \overline{x})^2}{N}}$$

手順8

E18 セルに標準偏差を求める式「=SQRT(E17)」を入力します．SQRT( ) は平方根（ルート √）を求める関数です．

| SUM | ▼ | ⋮ | × | ✓ | ƒₓ | =SQRT(E17) |

◢	A	B	C	D	E
1	No.	身長 (cm)	体重 (kg)	身長 偏差	身長 偏差平方和
2	1	158.1	56.7	-16.5083	272.5250694
3	2	173	56.9	-1.60833	2.586736111
4	3	171.7	77.8	-2.90833	8.458402778
5	4	175.1	60.1	0.49167	0.241736111
6	5	174	59.6	-0.60833	0.370069444
7	6	182.9	51.5	8.29167	68.75173611
8	7	166.7	74.2	-7.90833	62.54173611
9	8	179.5	57.4	4.89167	23.92840278
10	9	182.5	88.6	7.89167	62.27840278
11	10	191.3	106.9	16.6917	278.6117361
12	11	159.3	41.6	-15.3083	234.3450694
13	12	181.2	91.9	6.59167	43.45006944
14	合計	2095.3	823.2		1058.089167
15	データ数	12	12		
16	平均	174.608	68.6		
17	分散				88.17409722
18	標準偏差				=SQRT(E17)

こうして，標準偏差が 9.397... と求められました．これは，12 名の身長は平均値 174.6cm から平均して約 9.4cm バラついている，ということを意味しています．

同様にして，体重の分散と標準偏差を求めてみましょう．次のようになれば正解です．

	A	B	C	D	E	F	G
1	No.	身長 (cm)	体重 (kg)	身長　偏差	身長　偏差平方和	体重　偏差	体重　偏差平方和
2	1	158.1	56.7	-16.508333	272.5250694	-11.9	141.61
3	2	173	56.9	-1.6083333	2.586736111	-11.7	136.89
4	3	171.7	77.8	-2.9083333	8.458402778	9.2	84.64
5	4	175.1	60.1	0.49166667	0.241736111	-8.5	72.25
6	5	174	59.6	-0.6083333	0.370069444	-9	81
7	6	182.9	51.5	8.29166667	68.75173611	-17.1	292.41
8	7	166.7	74.2	-7.9083333	62.54173611	5.6	31.36
9	8	179.5	57.4	4.89166667	23.92840278	-11.2	125.44
10	9	182.5	88.6	7.89166667	62.27840278	20	400
11	10	191.3	106.9	16.6916667	278.6117361	38.3	1466.89
12	11	159.3	41.6	-15.308333	234.3450694	-27	729
13	12	181.2	91.9	6.59166667	43.45006944	23.3	542.89
14	合計	2095.3	823.2		1058.089167		4104.38
15	データ数	12	12				
16	平均	174.608333	68.6				
17	分散				88.17409722		342.0316667
18	標準偏差				9.390106348		18.49409816

Excel には平均や分散，標準偏差を求める関数があります．関数を使うと，より簡単に求める事ができます．

手順 1

I 列に次のように入力します．

	A	B	C	D	E	F	G	H	I
1	No.	身長 (cm)	体重 (kg)	身長 偏差	身長 偏差平方和	体重 偏差	体重 偏差平方和		
2	1	158.1	56.7	-16.508333	272.5250694	-11.9	141.61		身長平均
3	2	173	56.9	-1.6083333	2.586736111	-11.7	136.89		身長分散
4	3	171.7	77.8	-2.9083333	8.458402778	9.2	84.64		身長標準偏差
5	4	175.1	60.1	0.49166667	0.241736111	-8.5	72.25		
6	5	174	59.6	-0.6083333	0.370069444	-9	81		体重平均
7	6	182.9	51.5	8.29166667	68.75173611	-17.1	292.41		体重分散
8	7	166.7	74.2	-7.9083333	62.54173611	5.6	31.36		体重標準偏差
9	8	179.5	57.4	4.89166667	23.92840278	-11.2	125.44		
10	9	182.5	88.6	7.89166667	62.27840278	20	400		
11	10	191.3	106.9	16.6916667	278.6117361	38.3	1466.89		
12	11	159.3	41.6	-15.308333	234.3450694	-27	729		
13	12	181.2	91.9	6.59166667	43.45006944	23.3	542.89		
14	合計	2095.3	823.2		1058.089167		4104.38		
15	データ数	12	12						
16	平均	174.608333	68.6						
17	分散				88.17409722		342.0316667		
18	標準偏差				9.390106348		18.49409816		

手順 2

　身長の平均を求めましょう．データの平均を求めるための関数は AVERAGE( ) です．J2 セルに式
「=AVERAGE(B2:B13)」を入力します．

	A	B	C	D 身長 偏差	E 身長 偏差平方和	F 体重 偏差	G 体重 偏差平方和	H	I	J	K
	No.	身長 (cm)	体重 (kg)								
2	1	158.1	56.7	-16.5083	272.5250694	-11.9	141.61		身長平均	=AVERAGE(B2:B13)	
3	2	173	56.9	-1.60833	2.586736111	-11.7	136.89		身長分散		
4	3	171.7	77.8	-2.90833	8.458402778	9.2	84.64		身長標準偏差		
5	4	175.1	60.1	0.49167	0.241736111	-8.5	72.25				
6	5	174	59.6	-0.60833	0.370069444	-9	81		体重平均		
7	6	182.9	51.5	8.29167	68.75173611	-17.1	292.41		体重分散		
8	7	166.7	74.2	-7.90833	62.54173611	5.6	31.36		体重標準偏差		
9	8	179.5	57.4	4.89167	23.92840278	-11.2	125.44				
10	9	182.5	88.6	7.89167	62.27840278	20	400				
11	10	191.3	106.9	16.6917	278.6117361	38.3	1466.89				
12	11	159.3	41.6	-15.3083	234.3450694	-27	729				
13	12	181.2	91.9	6.59167	43.45006944	23.3	542.89				
14	合計	2095.3	823.2		1058.089167		4104.38				
15	データ数	12	12								
16	平均	174.608	68.6								
17	分散				88.17409722		342.0316667				
18	標準偏差				9.390106348		18.49409816				

数式バー: SUM | × ✓ fx | =AVERAGE(B2:B13)
AVERAGE(数値1, [数値2], ...)

　先ほど計算した平均の値（B16 セルの値）と一致していることを確認してください．

手順 3

　次に，身長の分散を計算します．データの分散を求めるための関数は VAR.P( ) です．J3 セルに式「=VAR.P(B2:B13)」を入力します．

▲	A	B	C	D	E	F	G	H	I	J	K
	No.	身長 (cm)	体重 (kg)	身長 偏差	身長 偏差平方和	体重 偏差	体重 偏差平方和				
1											
2	1	158.1	56.7	-16.5083	272.5250694	-11.9	141.61		身長平均	174.6083	
3	2	173	56.9	-1.60833	2.586736111	-11.7	136.89		身長分散	=VAR.P(B2:B13)	
4	3	171.7	77.8	-2.90833	8.458402778	9.2	84.64		身長標準偏差		
5	4	175.1	60.1	0.49167	0.241736111	-8.5	72.25				
6	5	174	59.6	-0.60833	0.370069444	-9	81		体重平均		
7	6	182.9	51.5	8.29167	68.75173611	-17.1	292.41		体重分散		
8	7	166.7	74.2	-7.90833	62.54173611	5.6	31.36		体重標準偏差		
9	8	179.5	57.4	4.89167	23.92840278	-11.2	125.44				
10	9	182.5	88.6	7.89167	62.27840278	20	400				
11	10	191.3	106.9	16.6917	278.6117361	38.3	1466.89				
12	11	159.3	41.6	-15.3083	234.3450694	-27	729				
13	12	181.2	91.9	6.59167	43.45006944	23.3	542.89				
14	合計	2095.3	823.2		1058.089167		4104.38				
15	データ数	12	12								
16	平均	174.608	68.6								
17	分散				88.17409722		342.0316667				
18	標準偏差				9.390106348		18.49409816				

数式バー: `=VAR.P(B2:B13)`

　先ほど計算した分散の値（E17 セルの値）と一致していることを確認してください．

手順4

　最後に，身長の標準偏差を計算します．データの標準偏差を求めるための関数は STDEV.P( ) です．
J4 セルに式「=STDEV.P(B2:B13)」を入力します．

	A	B	C	D	E	F	G	H	I	J	K
SUM			f_x	=STDEV.P(B2:B13)							
1	No.	身長 (cm)	体重 (kg)	身長 偏差	身長 偏差平方和	体重 偏差	体重 偏差平方和				
2	1	158.1	56.7	-16.5083	272.5250694	-11.9	141.61		身長平均	174.6083	
3	2	173	56.9	-1.60833	2.586736111	-11.7	136.89		身長分散	88.1741	
4	3	171.7	77.8	-2.90833	8.458402778	9.2	84.64		身長標準偏差	=STDEV.P(B2:B13)	
5	4	175.1	60.1	0.49167	0.241736111	-8.5	72.25				
6	5	174	59.6	-0.60833	0.370069444	-9	81		体重平均		
7	6	182.9	51.5	8.29167	68.75173611	-17.1	292.41		体重分散		
8	7	166.7	74.2	-7.90833	62.54173611	5.6	31.36		体重標準偏差		
9	8	179.5	57.4	4.89167	23.92840278	-11.2	125.44				
10	9	182.5	88.6	7.89167	62.27840278	20	400				
11	10	191.3	106.9	16.6917	278.6117361	38.3	1466.89				
12	11	159.3	41.6	-15.3083	234.3450694	-27	729				
13	12	181.2	91.9	6.59167	43.45006944	23.3	542.89				
14	合計	2095.3	823.2		1058.089167		4104.38				
15	データ数	12	12								
16	平均	174.608	68.6								
17	分散				88.17409722		342.0316667				
18	標準偏差				9.390106348		18.49409816				

　先ほど計算した標準偏差の値（E18 セルの値）と一致していることを確認してください．

体重についても同様に Excel の関数を使って平均，分散，標準偏差を計算してみましょう．次のようになれば正解です．

	A	B	C	D	E	F	G	H	I	J
1	No.	身長 (cm)	体重 (kg)	身長 偏差	身長 偏差平方和	体重 偏差	体重 偏差平方和			
2	1	158.1	56.7	-16.5083	272.5250694	-11.9	141.61		身長平均	174.6083
3	2	173	56.9	-1.60833	2.586736111	-11.7	136.89		身長分散	88.1741
4	3	171.7	77.8	-2.90833	8.458402778	9.2	84.64		身長標準偏差	9.390106
5	4	175.1	60.1	0.49167	0.241736111	-8.5	72.25			
6	5	174	59.6	-0.60833	0.370069444	-9	81		体重平均	68.6
7	6	182.9	51.5	8.29167	68.75173611	-17.1	292.41		体重分散	342.0317
8	7	166.7	74.2	-7.90833	62.54173611	5.6	31.36		体重標準偏差	18.4941
9	8	179.5	57.4	4.89167	23.92840278	-11.2	125.44			
10	9	182.5	88.6	7.89167	62.27840278	20	400			
11	10	191.3	106.9	16.6917	278.6117361	38.3	1466.89			
12	11	159.3	41.6	-15.3083	234.3450694	-27	729			
13	12	181.2	91.9	6.59167	43.45006944	23.3	542.89			
14	合計	2095.3	823.2		1058.089167		4104.38			
15	データ数	12	12							
16	平均	174.608	68.6							
17	分散				88.17409722		342.0316667			
18	標準偏差				9.390106348		18.49409816			

3.1.3　標本分散と標本標準偏差

前項で求めた分散と標準偏差は，12 名のデータを**母集団**とみなして計算したものです．

一般に母集団のデータを入手することは困難であり，統計解析を行う対象データは母集団から抽出された標本である場合が大半です．この 12 名のデータがある母集団から抽出された標本であるとすると，分散と標準偏差の値は前項で求めたものとは異なります．

標本データの分散を求める式は次のようになります．

$$\text{標本分散} \quad s^2 = \frac{(x_1 - \overline{x})^2 + (x_2 - \overline{x})^2 + \cdots + (x_N - \overline{x})^2}{N - 1}$$

標本分散は s^2 で表します．前に登場した σ^2 は標本分散と区別するときには**母分散**と呼びます．

母分散 σ^2 と標本分散 s^2 の計算式の違いは，分母です．母分散 σ^2 の式の分母はデータの個数 N ですが，標本分散 s^2 の式の分母はデータの個数から 1 を引いた数 $N - 1$ になっています．

Excel で標本分散を求める関数は VAR.S( ) です．VAR. の後が S になっていることに注意してください．母分散を求める関数は VAR. の後が P でした[1]．

---

[1]　英語で母集団のことを **population**，標本のことを **sample** といいます．Excel 関数の VAR.P( ) と VAR.S( ) は，この母集団と標本の頭文字をとったものです．

また，標本分散の平方根である標本標準偏差を求める式は次のようになります．

$$\text{標本標準偏差}\quad s = \sqrt{s^2} = \sqrt{\frac{(x_1 - \overline{x})^2 + (x_2 - \overline{x})^2 + \cdots + (x_N - \overline{x})^2}{N - 1}}$$

そして，標本標準偏差を求める Excel の関数は STDEV.S( ) です．

では，Excel 関数を使って標本分散と標本標準偏差を求めてみましょう．

手順1

J1 セルと K1 セルに次のように入力します．

	A	B	C	D	E	F	G	H	I	J	K
1	No.	身長 (cm)	体重 (kg)	身長 偏差	身長 偏差平方和	体重 偏差	体重 偏差平方和			母集団とみなす	標本とみなす
2	1	158.1	56.7	-16.508333	272.5250694	-11.9	141.61		身長平均	174.608333	
3	2	173	56.9	-1.6083333	2.586736111	-11.7	136.89		身長分散	88.1740972	
4	3	171.7	77.8	-2.9083333	8.458402778	9.2	84.64		身長標準偏差	9.39010635	
5	4	175.1	60.1	0.49166667	0.241736111	-8.5	72.25				
6	5	174	59.6	-0.6083333	0.370069444	-9	81		体重平均	68.6	
7	6	182.9	51.5	8.29166667	68.75173611	-17.1	292.41		体重分散	342.031667	
8	7	166.7	74.2	-7.9083333	62.54173611	5.6	31.36		体重標準偏差	18.4940982	
9	8	179.5	57.4	4.89166667	23.92840278	-11.2	125.44				
10	9	182.5	88.6	7.89166667	62.27840278	20	400				
11	10	191.3	106.9	16.6916667	278.6117361	38.3	1466.89				
12	11	159.3	41.6	-15.308333	234.3450694	-27	729				
13	12	181.2	91.9	6.59166667	43.45006944	23.3	542.89				
14	合計	2095.3	823.2		1058.089167		4104.38				
15	データ数	12	12								
16	平均	174.608333	68.6								
17	分散				88.17409722		342.0316667				
18	標準偏差				9.390106348		18.49409816				

　先ほど計算して求めた J 列の値は，母集団とみなすときの分散と標準偏差です．

　平均は母集団でも標本でも計算方法は同じです．K2 セルには，先ほど平均を求めたのと同じ式を入力します．

手順 2

次に，身長の標本分散を求めます．K3 セルに標本分散を求める式「=VAR.S(B2:B13)」を入力します．

| SUM | ▼ | ⋮ | × | ✓ | *fx* | =VAR.S(B2:B13) | | | | |

	A	B	C	身長 偏差	身長 偏差平方和	F	体重 偏差 体重 偏差平方和	H	I		J	K	L
1	No.	身長 (cm)	体重 (kg)	身長 偏差	身長 偏差平方和	体重 偏差	体重 偏差平方和				母集団とみなす	標本とみなす	
2	1	158.1	56.7	-16.5083	272.5250694	-11.9	141.61		身長平均		174.60833	174.60833	
3	2	173	56.9	-1.60833	2.586736111	-11.7	136.89		身長分散		88.174097	=VAR.S(B2:B13)	
4	3	171.7	77.8	-2.90833	8.458402778	9.2	84.64		身長標準偏差		9.3901063		
5	4	175.1	60.1	0.49167	0.241736111	-8.5	72.25						
6	5	174	59.6	-0.60833	0.370069444	-9	81		体重平均				
7	6	182.9	51.5	8.29167	68.75173611	-17.1	292.41		体重分散				
8	7	166.7	74.2	-7.90833	62.54173611	5.6	31.36		体重標準偏差				
9	8	179.5	57.4	4.89167	23.92840278	-11.2	125.44						
10	9	182.5	88.6	7.89167	62.27840278	20	400						
11	10	191.3	106.9	16.6917	278.6117361	38.3	1466.89						
12	11	159.3	41.6	-15.3083	234.3450694	-27	729						
13	12	181.2	91.9	6.59167	43.45006944	23.3	542.89						
14	合計	2095.3	823.2		1058.089167		4104.38						
15	データ数	12	12										
16	平均	174.608	68.6										
17	分散				88.17409722		342.0316667						
18	標準偏差				9.390106348		18.49409816						

手順 3

そして，身長の標本標準偏差を求めます．K4 セルに標本分散を求める式「=STDEV.S(B2:B13)」を入力します．

| SUM | ▼ | ⋮ | × | ✓ | *fx* | =STDEV.S(B2:B13) | | | | |

	A	B	C	身長 偏差	身長 偏差平方和	F	体重 偏差 体重 偏差平方和	H	I		J	K	L
1	No.	身長 (cm)	体重 (kg)	身長 偏差	身長 偏差平方和	体重 偏差	体重 偏差平方和				母集団とみなす	標本とみなす	
2	1	158.1	56.7	-16.5083	272.5250694	-11.9	141.61		身長平均		174.60833	174.60833	
3	2	173	56.9	-1.60833	2.586736111	-11.7	136.89		身長分散		88.174097	96.189924	
4	3	171.7	77.8	-2.90833	8.458402778	9.2	84.64		身長標準偏差		9.3901063	=STDEV.S(B2:B13)	
5	4	175.1	60.1	0.49167	0.241736111	-8.5	72.25						
6	5	174	59.6	-0.60833	0.370069444	-9	81		体重平均				
7	6	182.9	51.5	8.29167	68.75173611	-17.1	292.41		体重分散				
8	7	166.7	74.2	-7.90833	62.54173611	5.6	31.36		体重標準偏差				
9	8	179.5	57.4	4.89167	23.92840278	-11.2	125.44						
10	9	182.5	88.6	7.89167	62.27840278	20	400						
11	10	191.3	106.9	16.6917	278.6117361	38.3	1466.89						
12	11	159.3	41.6	-15.3083	234.3450694	-27	729						
13	12	181.2	91.9	6.59167	43.45006944	23.3	542.89						
14	合計	2095.3	823.2		1058.089167		4104.38						
15	データ数	12	12										
16	平均	174.608	68.6										
17	分散				88.17409722		342.0316667						
18	標準偏差				9.390106348		18.49409816						

では，Excel の関数を使わずに，標本分散と標本標準偏差を求めてみましょう．

A19 セルと A20 セルに次のように入力し，さらに E19 セルに標本分散を計算する式「=E14/(B15-1)」を入力します．この式の分母の E14 は偏差平方和ですね．分母はデータの個数から 1 を引いています．

| SUM | ▼ | × ✓ *fx* | =E14/(B15-1) | | | | | | | | |

	A	B	C	D	E	F	G	H	I	J	K
1	No.	身長 (cm)	体重 (kg)	身長 偏差	身長 偏差平方和	体重 偏差	体重 偏差平方和			母集団とみなす	標本とみなす
2	1	158.1	56.7	-16.5083	272.5250694	-11.9	141.61		身長平均	174.60833	174.60833
3	2	173	56.9	-1.60833	2.586736111	-11.7	136.89		身長分散	88.174097	96.189924
4	3	171.7	77.8	-2.90833	8.458402778	9.2	84.64		身長標準偏差	9.3901063	9.8076462
5	4	175.1	60.1	0.49167	0.241736111	-8.5	72.25				
6	5	174	59.6	-0.60833	0.370069444	-9	81		体重平均		
7	6	182.9	51.5	8.29167	68.75173611	-17.1	292.41		体重分散		
8	7	166.7	74.2	-7.90833	62.54173611	5.6	31.36		体重標準偏差		
9	8	179.5	57.4	4.89167	23.92840278	-11.2	125.44				
10	9	182.5	88.6	7.89167	62.27840278	20	400				
11	10	191.3	106.9	16.6917	278.6117361	38.3	1466.89				
12	11	159.3	41.6	-15.3083	234.3450694	-27	729				
13	12	181.2	91.9	6.59167	43.45006944	23.3	542.89				
14	合計	2095.3	823.2		1058.089167		4104.38				
15	データ数	12	12								
16	平均	174.608	68.6								
17	分散				88.17409722		342.0316667				
18	標準偏差				9.390106348		18.49409816				
19	標本分散				=E14/(B15-1)						
20	標本標準偏差										

続けて，E20 セルに標本標準偏差を計算する式「=SQRT(E19)」を入力します．

| SUM | ▼ | × ✓ *fx* | =SQRT(E19) | | | | | | | | |

	A	B	C	D	E	F	G	H	I	J	K
1	No.	身長 (cm)	体重 (kg)	身長 偏差	身長 偏差平方和	体重 偏差	体重 偏差平方和			母集団とみなす	標本とみなす
2	1	158.1	56.7	-16.5083	272.5250694	-11.9	141.61		身長平均	174.60833	174.60833
3	2	173	56.9	-1.60833	2.586736111	-11.7	136.89		身長分散	88.174097	96.189924
4	3	171.7	77.8	-2.90833	8.458402778	9.2	84.64		身長標準偏差	9.3901063	9.8076462
5	4	175.1	60.1	0.49167	0.241736111	-8.5	72.25				
6	5	174	59.6	-0.60833	0.370069444	-9	81		体重平均		
7	6	182.9	51.5	8.29167	68.75173611	-17.1	292.41		体重分散		
8	7	166.7	74.2	-7.90833	62.54173611	5.6	31.36		体重標準偏差		
9	8	179.5	57.4	4.89167	23.92840278	-11.2	125.44				
10	9	182.5	88.6	7.89167	62.27840278	20	400				
11	10	191.3	106.9	16.6917	278.6117361	38.3	1466.89				
12	11	159.3	41.6	-15.3083	234.3450694	-27	729				
13	12	181.2	91.9	6.59167	43.45006944	23.3	542.89				
14	合計	2095.3	823.2		1058.089167		4104.38				
15	データ数	12	12								
16	平均	174.608	68.6								
17	分散				88.17409722		342.0316667				
18	標準偏差				9.390106348		18.49409816				
19	標本分散				96.18992424						
20	標本標準偏差				=SQRT(E19)						

Excel の関数を使って求めた値と一致していることを確認してください.

体重についても同様に，Excel の関数を使う方法と使わない方法の両方で標本分散と標本標準偏差を計算してみましょう．次のようになれば正解です．

	A	B	C	D	E	F	G	H	I	J	K
1	No.	身長 (cm)	体重 (kg)	身長 偏差	身長 偏差平方和	体重 偏差	体重 偏差平方和			母集団とみなす	標本とみなす
2	1	158.1	56.7	-16.508333	272.5250694	-11.9	141.61		身長平均	174.608333	174.608333
3	2	173	56.9	-1.6083333	2.586736111	-11.7	136.89		身長分散	88.1740972	96.1899242
4	3	171.7	77.8	-2.9083333	8.458402778	9.2	84.64		身長標準偏差	9.39010635	9.80764621
5	4	175.1	60.1	0.49166667	0.241736111	-8.5	72.25				
6	5	174	59.6	-0.6083333	0.370069444	-9	81		体重平均	68.6	16.0666667
7	6	182.9	51.5	8.29166667	68.75173611	-17.1	292.41		体重分散	342.031667	373.125455
8	7	166.7	74.2	-7.9083333	62.54173611	5.6	31.36		体重標準偏差	18.4940982	19.3164555
9	8	179.5	57.4	4.89166667	23.92840278	-11.2	125.44				
10	9	182.5	88.6	7.89166667	62.27840278	20	400				
11	10	191.3	106.9	16.6916667	278.6117361	38.3	1466.89				
12	11	159.3	41.6	-15.308333	234.3450694	-27	729				
13	12	181.2	91.9	6.59166667	43.45006944	23.3	542.89				
14	合計	2095.3	823.2		1058.089167		4104.38				
15	データ数	12	12								
16	平均	174.608333	68.6								
17	分散				88.17409722		342.0316667				
18	標準偏差				9.390106348		18.49409816				
19	標本分散				96.18992424		373.1254545				
20	標本標準偏差				9.807646213		19.31645554				

3.1.4　度数分布表からの平均の求め方

　ここまでは，データをそのまま用いて平均や分散を計算しました．しかし，統計解析の場面では，データが度数分布表でしか得られないことがあります．ここでは，度数分布表から平均を求めてみます．そのために，前の章の最後に計算した相対度数を使います．

手順1

　前章の最後に年齢の相対度数を計算した度数分布表に続けて，次のように入力します．

	A	B	C	D	E
1	階級	度数	相対度数	階級値	階級値×相対度数
2	20	3	0.15		
3	30	9	0.45		
4	40	5	0.25		
5	50	2	0.1		
6	60	1	0.05		
7	70	0	0		
8	80	0	0		
9	合計	20	1		

手順2

　次に，階級値というものを決めます．階級値はそれぞれの階級の代表となる値で，通常は階級幅の中央にくる数値にします．この例では次のようにします．

	A	B	C	D	E
1	階級	度数	相対度数	階級値	階級値×相対度数
2	20	3	0.15	15.5	
3	30	9	0.45	25.5	
4	40	5	0.25	35.5	
5	50	2	0.1	45.5	
6	60	1	0.05	55.5	
7	70	0	0	65.5	
8	80	0	0	75.5	
9	合計	20	1		

手順3

次に，各階級ごとに階級値と相対度数をかけ算します．E2 セルに式「=D2*C2」を入力します．

	A	B	C	D	E
	階級	度数	相対度数	階級値	階級値×相対度数
2	20	3	0.15	15.5	=D2*C2
3	30	9	0.45	25.5	
4	40	5	0.25	35.5	
5	50	2	0.1	45.5	
6	60	1	0.05	55.5	
7	70	0	0	65.5	
8	80	0	0	75.5	
9	合計	20	1		

同様に各階級について階級値と相対度数をかけ算します．

手順3

最後に，階級値と相対度数をかけ算した値を合計します．

	A	B	C	D	E
	階級	度数	相対度数	階級値	階級値×相対度数
2	20	3	0.15	15.5	2.325
3	30	9	0.45	25.5	11.475
4	40	5	0.25	35.5	8.875
5	50	2	0.1	45.5	4.55
6	60	1	0.05	55.5	2.775
7	70	0	0	65.5	0
8	80	0	0	75.5	0
9	合計	20	1		=SUM(E2:E8)

合計は 30 になるはずです．

この 30 が度数分布表から求めた平均年齢です．一方，20 名の会員データをそのまま使って計算した平均年齢は 29.85 になります．度数分布表からもほぼ同様の結果が得られました．

3.2 相関係数

前の節では，身長や体重のデータの特徴を表す代表値である平均と分散を求めました．これらの代表値は，身長データの特徴と体重データの特徴をそれぞれ単独で表すものです．

　一方，統計解析の場面では，「身長と体重の関係」というように，2 つのデータの間の関係を調べたいということがしばしばあります．このデータは 12 名の人たちの身長と体重を測定したものですが，一般に，身長の高い人は体重も大きく，身長の低い人は体重も小さい，という傾向があると想定されます．つまり，身長と体重の間には，身長が高ければ体重も大きいという関係があるのではないかと予想されます．

　このような同じ対象（今の場合は 12 名の人たちそれぞれ）について 2 組のデータ（今の場合は身長と体重）が得られたとき，それらのデータの間に何らかの関係がある場合，データの間に**相関関係**があるといいます．

　相関関係があるかどうか見るために最初にすることは，**散布図**というグラフを描くことです．身長と体重の散布図を描いてみましょう．

手順 1

B1 セルから C13 セルまでを選択し，**挿入**メニューから**散布図**を選びます．

手順2

次のように，身長と体重の**散布図**ができます．

	A	B	C	D	E	F	G	H	I	J	K	L
1	No.	身長 (cm)	体重 (kg)	身長 偏差	身長 偏差平方和	体重 偏差	体重 偏差平方和			母集団とみなす	標本とみなす	
2	1	158.1	56.7	-16.5083	272.5250694	-11.9	141.61		身長平均	174.60833	174.60833	
3	2	173	56.9	-1.60833	2.586736111	-11.7	136.89		身長分散	88.174097	96.189924	
4	3	171.7	77.8	-2.90833	8.458402778	9.2	84.64		身長標準偏差	9.3901063	9.8076462	
5	4	175.1	60.1	0.49167	0.241736111	-8.5	72.25					
6	5	174	59.6	-0.60833	0.370069444	-9	81		体重平均	68.6	16.066667	
7	6	182.9	51.5	8.29167	68.75173611	-17.1	292.41		体重分散	342.03167	373.12545	
8	7	166.7	74.2	-7.90833	62.54173611	5.6	31.36		体重標準偏差	18.494098	19.316456	
9	8	179.5	57.4	4.89167	23.92840278	-11.2	125.44					
10	9	182.5	88.6	7.89167	62.27840278	20	400					
11	10	191.3	106.9	16.6917	278.6117361	38.3	1466.89					
12	11	159.3	41.6	-15.3083	234.3450694	-27	729					
13	12	181.2	91.9	6.59167	43.45006944	23.3	542.89					
14	合計	2095.3	823.2		1058.089167		4104.38					
15	データ数	12	12									
16	平均	174.608	68.6									
17	分散				88.17409722		342.0316667					
18	標準偏差				9.390106348		18.49409816					
19	標本分散				96.18992424							
20	標本標準偏差				9.807646213							

身長と体重の関係

　この散布図は，横軸に身長を，縦軸に体重をとり，12 名の人たち一人ひとりについて，その身長と体重の組を 1 つ 1 つの点で表したものです．例えば，下図で矢印が示す点は No.1 の人の身長と体重の組を表しています．

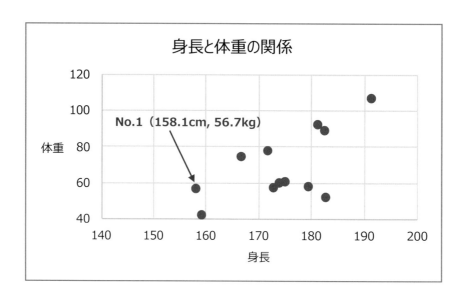

　この散布図を見ると，予想通り身長が高い人ほど体重も大きくなる関係がありそうです．

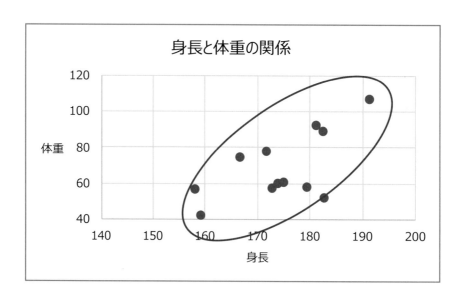

　この身長と体重の関係のように，一方の数値が大きくなると他方の数値も大きくなる関係を**正の相関関係**といいます．次の右側の図のように，一方の数値が大きくなると他方の数値が小さくなる関係を**負**

の相関関係といい，正の相関関係でも負の相関関係でもないものを**無相関**といいます．

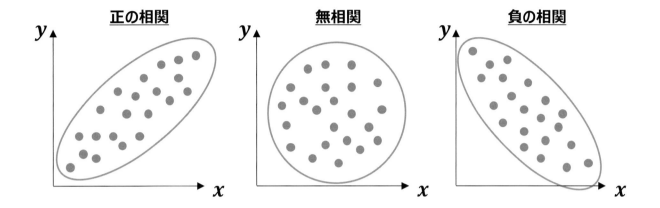

　このように，相関関係は散布図を描くことにより視覚的に判断できますが，相関の程度，強さについては厳密にはわかりません．相関の程度を数値で厳密に表すことができればたいへん便利です．
　相関の程度を数値で表したものを**相関係数**といいます．相関係数は次の式で計算します．

$$r_{xy} = \frac{1}{N} \frac{(x_1 - \overline{x})(y_1 - \overline{y}) + (x_2 - \overline{x})(y_2 - \overline{y}) + \cdots + (x_N - \overline{x})(y_N - \overline{y})}{\sigma_x \sigma_y}$$

$$= \frac{1}{N} \sum_{i=1}^{N} \frac{(x_i - \overline{x})(y_i - \overline{y})}{\sigma_x \sigma_y}$$

相関係数は，慣習的に r と書きます．ここで，x, y は2組のデータのそれぞれを表します．例えば，x は身長，y は体重です．このとき，x_1 は1番目の人の身長，y_1 は1番目の人の体重を表します．以下同様に x_2 は2番目の人の身長，y_2 は2番目の人の体重を，x_N は N 番目の人の身長，y_N は N 番目の人の体重を表します．$(x_1 - \overline{x})$ は1番目の人の身長の偏差，$(y_1 - \overline{y})$ は1番目の人の体重の偏差です．分母は1番目から N 番目の人のそれぞれについて身長の偏差と体重の偏差を掛け算し，それらを1番目の人から N 番目の人まで加えています．
　一方，分子の σ_x は身長の標準偏差，σ_y は体重の標準偏差です．標本標準偏差ではなく，データを母集団とみなしたときの標準偏差です．
　$\sum_{i=1}^{N}$ は合計を意味する演算記号で，$(x_i - \overline{x})(y_i - \overline{y})$ の i を1から N まで順に変化させていき，それぞれについて $(x_i - \overline{x})(y_i - \overline{y})$ を計算し，最後にそれらを合計するということを表しています．
　上の式は次のように変形できます．

$$r_{xy} = \frac{1}{\sigma_x \sigma_y} \sum_{i=1}^{N} \frac{(x_i - \overline{x})(y_i - \overline{y})}{N}$$

この式の $\displaystyle\sum_{i=1}^{N} \frac{(x_i - \overline{x})(y_i - \overline{y})}{N}$ を**共分散**といいます．

それでは，Excel を使って相関係数を計算してみましょう．

手順 1

H 列に 1 列挿入し，H1 セルに次のように入力します．そして，H2 セルに身長の偏差と体重の偏差の
かけ算の式「=D2*F2」を入力します．

また，A21 セルと A22 セルにも次のように入力します．

	A	B	C	D	E	F	G	H
								=D2*F2
1	No.	身長 (cm)	体重 (kg)	身長 偏差	身長 偏差平方和	体重 偏差	体重 偏差平方和	身長偏差×体重偏差
2	1	158.1	56.7	-16.5083	272.5250694	-11.9	141.61	=D2*F2
3	2	173	56.9	-1.60833	2.586736111	-11.7	136.89	
4	3	171.7	77.8	-2.90833	8.458402778	9.2	84.64	
5	4	175.1	60.1	0.49167	0.241736111	-8.5	72.25	
6	5	174	59.6	-0.60833	0.370069444	-9	81	
7	6	182.9	51.5	8.29167	68.75173611	-17.1	292.41	
8	7	166.7	74.2	-7.90833	62.54173611	5.6	31.36	
9	8	179.5	57.4	4.89167	23.92840278	-11.2	125.44	
10	9	182.5	88.6	7.89167	62.27840278	20	400	
11	10	191.3	106.9	16.6917	278.6117361	38.3	1466.89	
12	11	159.3	41.6	-15.3083	234.3450694	-27	729	
13	12	181.2	91.9	6.59167	43.45006944	23.3	542.89	
14	合計	2095.3	823.2		1058.089167		4104.38	
15	データ数	12	12					
16	平均	174.608	68.6					
17	分散				88.17409722		342.0316667	
18	標準偏差				9.390106348		18.49409816	
19	標本分散							
20	標本標準偏差							
21	共分散							
22	相関係数							

式を H13 セルまでコピーして，12 名全員について身長の偏差と体重の偏差のかけ算を行います．

手順2

H14 セルに式「=SUM(H2:H13)」を入力します.

▲	A	B	C	D	E	F	G	H
	SUM	▾ : × ✓ *fx*	=SUM(H2:H13)					
1	No.	身長 (cm)	体重 (kg)	身長 偏差	身長 偏差平方和	体重 偏差	体重 偏差平方和	身長偏差×体重偏差
2	1	158.1	56.7	-16.5083	272.5250694	-11.9	141.61	196.4491667
3	2	173	56.9	-1.60833	2.586736111	-11.7	136.89	18.8175
4	3	171.7	77.8	-2.90833	8.458402778	9.2	84.64	-26.75666667
5	4	175.1	60.1	0.49167	0.241736111	-8.5	72.25	-4.179166667
6	5	174	59.6	-0.60833	0.370069444	-9	81	5.475
7	6	182.9	51.5	8.29167	68.75173611	-17.1	292.41	-141.7875
8	7	166.7	74.2	-7.90833	62.54173611	5.6	31.36	-44.28666667
9	8	179.5	57.4	4.89167	23.92840278	-11.2	125.44	-54.78666667
10	9	182.5	88.6	7.89167	62.27840278	20	400	157.8333333
11	10	191.3	106.9	16.6917	278.6117361	38.3	1466.89	639.2908333
12	11	159.3	41.6	-15.3083	234.3450694	-27	729	413.325
13	12	181.2	91.9	6.59167	43.45006944	23.3	542.89	153.5858333
14	合計	2095.3	823.2		1058.089167		4104.38	=SUM(H2:H13)
15	データ数	12	12					
16	平均	174.608	68.6					
17	分散				88.17409722		342.0316667	
18	標準偏差				9.390106348		18.49409816	
19	標本分散							
20	標本標準偏差							
21	共分散							
22	相関係数							

手順 3

　H21 セルに式「=H14/B15」を入力します．これは共分散を計算しています．

	A	B	C	D	E	F	G	H
	SUM	▼		✕ ✓	f_x	=H14/B15		
1	No.	身長 (cm)	体重 (kg)	身長 偏差	身長 偏差平方和	体重 偏差	体重 偏差平方和	身長偏差×体重偏差
2	1	158.1	56.7	-16.5083	272.5250694	-11.9	141.61	196.4491667
3	2	173	56.9	-1.60833	2.586736111	-11.7	136.89	18.8175
4	3	171.7	77.8	-2.90833	8.458402778	9.2	84.64	-26.75666667
5	4	175.1	60.1	0.49167	0.241736111	-8.5	72.25	-4.179166667
6	5	174	59.6	-0.60833	0.370069444	-9	81	5.475
7	6	182.9	51.5	8.29167	68.75173611	-17.1	292.41	-141.7875
8	7	166.7	74.2	-7.90833	62.54173611	5.6	31.36	-44.28666667
9	8	179.5	57.4	4.89167	23.92840278	-11.2	125.44	-54.78666667
10	9	182.5	88.6	7.89167	62.27840278	20	400	157.8333333
11	10	191.3	106.9	16.6917	278.6117361	38.3	1466.89	639.2908333
12	11	159.3	41.6	-15.3083	234.3450694	-27	729	413.325
13	12	181.2	91.9	6.59167	43.45006944	23.3	542.89	153.5858333
14	合計	2095.3	823.2		1058.089167		4104.38	1312.98
15	データ数	12	12					
16	平均	174.608	68.6					
17	分散				88.17409722		342.0316667	
18	標準偏差				9.390106348		18.49409816	
19	標本分散							
20	標本標準偏差							
21	共分散							=H14/B15
22	相関係数							

手順4

最後に，H22 セルに式「=H21/(E18*G18)」を入力します．E18 は身長の標準偏差，G18 は体重の標準偏差です．

SUM	× ✓ ƒx	=H21/(E18*G18)						
	A	B	C	D	E	F	G	H
1	No.	身長 (cm)	体重 (kg)	身長 偏差	身長 偏差平方和	体重 偏差	体重 偏差平方和	身長偏差×体重偏差
2	1	158.1	56.7	-16.5083	272.5250694	-11.9	141.61	196.4491667
3	2	173	56.9	-1.60833	2.586736111	-11.7	136.89	18.8175
4	3	171.7	77.8	-2.90833	8.458402778	9.2	84.64	-26.75666667
5	4	175.1	60.1	0.49167	0.241736111	-8.5	72.25	-4.179166667
6	5	174	59.6	-0.60833	0.370069444	-9	81	5.475
7	6	182.9	51.5	8.29167	68.75173611	-17.1	292.41	-141.7875
8	7	166.7	74.2	-7.90833	62.54173611	5.6	31.36	-44.28666667
9	8	179.5	57.4	4.89167	23.92840278	-11.2	125.44	-54.78666667
10	9	182.5	88.6	7.89167	62.27840278	20	400	157.8333333
11	10	191.3	106.9	16.6917	278.6117361	38.3	1466.89	639.2908333
12	11	159.3	41.6	-15.3083	234.3450694	-27	729	413.325
13	12	181.2	91.9	6.59167	43.45006944	23.3	542.89	153.5858333
14	合計	2095.3	823.2		1058.089167		4104.38	1312.98
15	データ数	12	12					
16	平均	174.608	68.6					
17	分散				88.17409722		342.0316667	
18	標準偏差				9.390106348		18.49409816	
19	標本分散							
20	標本標準偏差							
21	共分散							109.415
22	相関係数							=H21/(E18*G18)

これで，相関係数が $0.630\ldots$ と求めることができました．

　さて，この 0.630 という値は何を意味しているのでしょう．

　相関係数は −1 から 1 までの値を取ります．0 は無相関を意味します．1 に近いほど正の相関が強く，−1 に近いほど負の相関が強いことを意味します．

　相関の強さの目安は以下の通りです．

相関係数の値	相関の強さ
$0.7 \le r_{xy} \le 1.0$	強い正の相関
$0.4 \le r_{xy} \le 0.7$	正の相関
$0.2 \le r_{xy} \le 0.4$	弱い正の相関
$-0.2 \le r_{xy} \le 0.2$	ほとんど相関がない
$-0.4 \le r_{xy} \le -0.2$	弱い負の相関
$-0.7 \le r_{xy} \le -0.4$	負の相関
$-1.0 \le r_{xy} \le -0.7$	強い負の相関

　相関係数は Excel のデータ分析ツールを使うと，より簡単に求められます．

手順 1

　データ分析メニューの中から**相関**を選び，OK を押します．

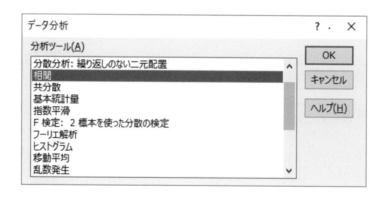

手順 2

　次のボックスが現れます．

　入力範囲に B1 セルから C13 セルまでの範囲を指定します．先頭行をラベルとして使用にチェックを入れます．出力先は J10 セルを指定します．

指定が終わったら，OK を押します．

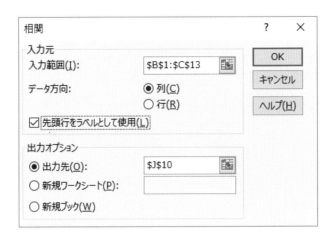

手順3

J10 セルから始まる範囲に，次のように出力されました．

	身長 (cm)	体重 (kg)
身長 (cm)	1	
体重 (kg)	0.63004736	1

　身長と体重の相関係数は，身長と体重が交差するセルに出力されます．先ほど求めた相関係数の値と一致していることを確認してください．

　身長と身長の交差するセルと体重と体重の交差するセルには1と出力されています．これは，身長は身長自体と，また体重は体重自体と必ず 100% 相関するためです．

第 4 章

推定

前章までは，データの分布を可視化する方法，平均や分散などのデータの代表値，そして 2 組のデータの間の相関関係を示す相関係数について学びました．これらはいずれもデータの特徴を記述するものであり，統計学の分野では**記述統計**と言われます．

本章からは，母集団全体を調べることができないとき，母集団から抽出した標本データを使って，元の母集団の代表値を推測する方法である**推測統計**を学んでいきます．

本章では，推測統計のうち**区間推定**の方法について学びます．

4.1 確率論の復習

区間推定を行う前に，その基礎となる確率変数や確率分布，大数の法則および中心極限定理について簡単に復習しておきます．

4.1.1 確率変数

天気予報では「明日晴れる確率は○○ ％」という言い方がされます．統計学や確率論では，晴れるとか雨が降るといったように，何らかの「起こりうることがら」を**事象**といいます．

その事象がどれくらい起こりやすいかを定量的に示したものを**確率**といいます．例えば，サイコロを振ることを考えてみましょう．サイコロの 6 つの面には 1〜6 までの数字（目といいます）が描いてあります．サイコロを振るといずれのかの目が出ますが，その「目が出る」ということが 1 つの事象です．サイコロが正しく作られているなら，どの目が出るか，その起こりやすさはすべて同じです．このとき，サイコロの各目の出る確率は $\frac{1}{6}$ であるとします．

サイコロのそれぞれの目の出る確率が $\frac{1}{6}$ となる理由は，次のとおりです．サイコロには 6 種類の目しかありませんから，事象の個数は全部で 6 つです．サイコロのある目が出る，とは，この 6 つの事象のうちの 1 つが起こるということなので，1 つの目の出る確率を $\frac{1}{6}$ とするのです．

次に，2 つのサイコロを同時に振って，出た目の合計がいくつになるか考えてみましょう．ここで，

事象は 2 つの目の合計の値で，2〜12 まであります．しかし，2〜12 の起こりやすさは同じではありません．2 になるのは 2 つのサイコロの目がどちらも 1 になるケースのみですが，合計が 7 になるのは，2 つのサイコロの目の組み合わせが $(1,6),(2,5),(3,4),(4,3),(5,2),(6,1)$ の 6 つのケースです（ここで，2 つのサイコロの出る目を区別しています）．同様に 2〜12 の目の出るケースを全て数え上げると 36 ケースあります．目の合計が 2 になるという事象は 36 ケースのうち 1 ケースしかありませんが，合計が 7 になるという事象は 36 ケース中 6 ケースもあります．そこで，合計が 2 になる事象の確率を $\frac{1}{36}$，合計が 7 になる事象の確率を $\frac{6}{36}=\frac{1}{6}$ とします．

　上の例に出てきた 36 ケースとか 6 ケースを**場合の数**と言います．36 は全ての事象の場合の数，6 は目の合計が 7 になるという事象の場合の数です．以上のことからわかるように，確率は次のように定義されます．

$$\text{ある事象の確率} = \frac{\text{ある事象の場合の数}}{\text{全ての事象の場合の数}}.$$

確率は必ず 0 以上 1 以下の数値になります．

　いま，サイコロの各目や 2 つのサイコロの目の合計に確率を対応付けました．「サイコロの目」とか「2 つのサイコロの目の合計」というものは，いくつかの異なる値をとります．そこで，これを抽象化して**変数**といいます．さらに，この変数には，その変数がとる値それぞれに確率が対応付けられているので，特に**確率変数**といいます．確率変数は慣習的に X や Y など大文字のアルファベットで書きます．

4.1.2　確率分布

　2 つのサイコロを振って出た目の合計を計算する，ということを何度も繰り返すものとしましょう．このサイコロを振って目の合計を計算するというような行為を，統計学では**試行**と言います．

　2 つのサイコロを振って出た目を合計し，さらにその平均を計算するという試行を 10000 回繰り返してみました．これにより，大きさが 10000 の標本が得られます．次は，この標本の度数分布表とヒストグラムです．

2 つの目の計	2 つの目の平均	度数	相対度数
2	1.0	270	0.0270
3	1.5	584	0.0584
4	2.0	847	0.0847
5	2.5	1086	0.1086
6	3.0	1355	0.1355
7	3.5	1710	0.1710
8	4.0	1376	0.1376
9	4.5	1081	0.1081
10	5.0	854	0.0854
11	5.5	562	0.0562
12	6.0	275	0.0275
		10000	1.0

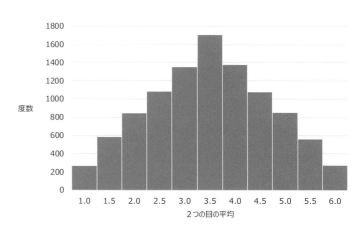

一方，確率の考え方を使って，2つのサイコロを振って出た目の平均の確率を求め，それをグラフにすると次のようになります．これも，目の平均の分布を表しています．ここで，目の平均は確率変数と考えています．

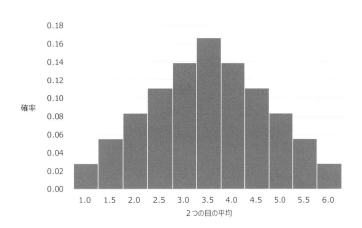

2つの目の計	2つの目の平均	確率
2	1.0	0.0278
3	1.5	0.0556
4	2.0	0.0833
5	2.5	0.1111
6	3.0	0.1389
7	3.5	0.1667
8	4.0	0.1389
9	4.5	0.1111
10	5.0	0.0833
11	5.5	0.0556
12	6.0	0.0278
		1.0

どちらのグラフもよく似ていますね．表について比べてみると，10000回の試行から得られた相対度数と確率もかなり近い数値になっています．

相対度数は，2つの目の平均がある値になるという事象が10000回の試行のうちどれだけ起きたか，その比率を表しています．一方，確率は2つの目の平均がある値になるという事象がどれだけ起こりやすいかを示したものです．相対度数も平均がある値になるという事象の起こりやすさを表していると考えることができますから，相対度数と確率はほぼ同じことを指しているように思われます．しかし，両者には明確な違いがあります．標本から得られた相対度数は，もう一度10000回の試行を繰り返して別の標本をとると，恐らく異なる値になるはずです．これに対して，確率は標本とは関係なく，必ず一定値です．

私たちは，確率から求めた目の平均の分布を「真の分布」であると考えます．真の分布とは母集団の分布です．この場合の母集団は，2つのサイコロを振って出た目の平均を求めるという試行を無限に繰り返したときに得られるデータです．実際に無限に繰り返すことはできませんから，私たちは母集団を確かめることはできません．しかし，確率を使えば母集団の分布を推測することができます．このように，確率を使って推測した分布を**確率分布**といいます．

4.1.3 正規分布

確率分布には様々なものがありますが，最も代表的で基本的な確率分布は**正規分布**です．

確率分布を求めるには，確率変数のとる個々の数値に確率を対応づけられなければなりませんが，正規分布は次の方程式で確率を対応づけます．

$$f(x) = \frac{1}{\sqrt{2\pi}\sigma} e^{-\frac{(x-\mu)^2}{2\sigma^2}}.$$

この式の中の x は確率変数がとる数値, μ は母平均(μ は**ミュー**と読みます.慣例的に母平均は μ で表します), σ^2 は母分散です.

この式を覚える必要はありません.重要なことは,平均と分散(標準偏差)が分かれば,正規分布を求める事ができるということです.

正規分布をグラフにすると,次のように左右対称な釣り鐘のような形をしています.横軸は確率変数がとる個々の数値で,中心は必ず平均になります.縦軸は,個々の数値に対応づけられた確率です.

正規分布は分散(標準偏差)が大きいほど平たい形になります.

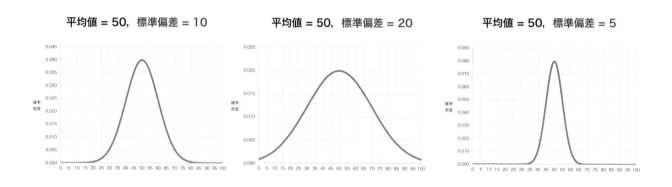

ここで,確率変数がとる個々の数値から平均を引き算し,それを標準偏差で割るということをしてみます.式で書くと次のようになります.

$$z = \frac{x - \mu}{\sigma}.$$

このような計算を**標準化**といいます.標準化して求めた値は,慣例的に z と書き,z 値といいます.

この z について求めた正規分布を**標準正規分布**といいます.標準正規分布は中心が 0,つまり z の平均は 0 となり,次のようなグラフになります.標準正規分布は唯一これだけです.

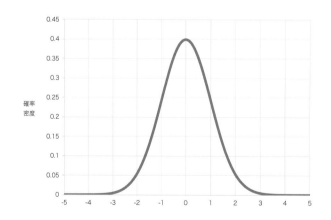

　この標準正規分布を使うと，z がある数値以上の値をとる確率や，ある数値と別の数値の間の値をとる確率などを求める事ができます．例えば，z が -1.96 以上 1.96 以下の値をとる確率は $0.95 = 95\%$ です．

　下の標準正規分布のグラフでは，横軸の z の値が -1.96 以上 1.96 以下の値をとる範囲を白い部分で，それ以外の範囲の値をとる範囲を影つきの部分で表しています．標準正規分布の釣り鐘状の曲線と横軸とで囲まれた部分の面積は，必ず 1 になります．1.96 より右側の影付きの部分の面積は 0.025 で，これは z が 1.96 より大きな値をとる確率が $0.025 = 2.5\%$ であることを意味しています．z が -1.96 よりも小さな値をとる確率も $0.025 = 2.5\%$ です．従って，z の値が -1.96 以上 1.96 以下の値をとる確率は $0.95 = 95\%$ ということになります．

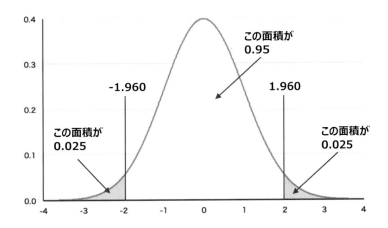

　z が 1.96 より大きな値をとる確率は，Excel の関数 NORM.DIST(, , ,) を使って，式「=1-NORM.DIST(1.96,0,1,TRUE)」と入力すると求められます．関数の入力規則は次の通りです．関数 NORM.DIST(, , ,) は，入力した z の値より小さい範囲全ての面積を計算するので，グラフの右端の影の部分の面積を求めるには，NORM.DIST(, , ,) を 1 から引き算します．

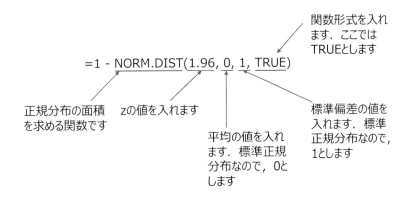

4.1.4　大数の法則と中心極限定理

確率論の復習の最後として，統計学の基本をなす重要な法則である**大数の法則**と**中心極限定理**について説明します．

いま，ある企業が自社商品の顧客一人あたりの平均購入金額を知りたいとします．全ての顧客の過去の購入履歴を調べることができないため，データベースから一部の顧客の購入データを無作為抽出した標本から，顧客の平均購入金額を計算してみました．こうして求めた平均購入金額は，全ての顧客の平均購入金額と一致しているのでしょうか．

一般に，母集団からきちんと無作為抽出した標本であっても，標本平均が母平均と一致する保証はありません．もし，母集団から何回でも標本を無作為抽出できるとすると，抽出した標本ごとに標本平均は異なる値になるはずです．実際，それらの標本平均のヒストグラムを作ってみると，母平均の付近でばらついた分布になります．この分布を平均についての**標本分布**といいます．

標本分布のばらつきの度合い，すなわち分散は，**標本の大きさが大きくなるほど小さくなる**ことが知られています．標本の大きさとは，標本のデータの個数のことです．これを確認するために，今度はコイントスの実験をしてみましょう．

次の 2 つのヒストグラムはコイントスを行って表の出た比率の分布です．左側は，コイントスを 100 回行って表の出た比率を計算するという試行を 500 ラウンド行ったときの分布です．一方，右側は，コイントスを 1000 回行って表の出た比率を計算するという試行を 500 ラウンド行ったときの分布です．左側の標本の大きさは 100，右側は 1000 です．標本の大きさが大きいほど，分布の分散が小さくなっていることがわかります．

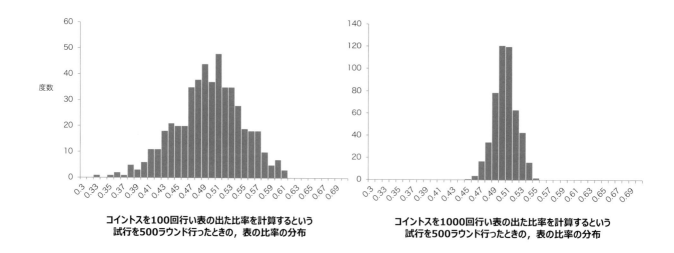

コイントスを100回行い表の出た比率を計算するという
試行を500ラウンド行ったときの，表の比率の分布

コイントスを1000回行い表の出た比率を計算するという
試行を500ラウンド行ったときの，表の比率の分布

標本の大きさをさらに 10000 とか 100000 と大きくしていくと，それに応じて分散が小さくなることが期待できます．分散が小さくなるということは，無作為抽出した任意の標本の標本平均がある一定の

値に近づいていくということを意味します．実は，その一定の値が母集団の平均，つまり母平均なのです．

　言い換えると，標本が十分大きければ，標本平均は母平均に限りなく近づく，ということです．標本分布に関するこのような性質を**大数の法則**と言います．

　次に，ある母集団の母平均が μ，母分散が σ^2 であるとします．このとき，標本の大きさが大きくなるに従って，

$$\text{標本平均は，平均が } \mu\text{，分散が } \frac{\sigma^2}{n} \text{ の正規分布に近づく}$$

ことが知られています．ここで n は標本の大きさ（つまり，標本のデータの個数）です．分散 $\frac{\sigma^2}{n}$ は n が大きくなると小さくなっていきますから，標本が大きいほど標本平均は母平均のごく近くに分布するようになります．この性質を**中心極限定理**と言います．

　中心極限定理によれば，母集団の分布がどんな形をしていても，標本平均は母平均を中心とした正規分布になります．これにより，正規分布を用いて，標本平均から母平均を推測することができるのです．

4.2　区間推定とは

　大数の法則と中心極限定理により，標本が十分大きければ，標本平均は母平均にほぼ一致します．しかし，現実には母集団の大きさに比べ，得られる標本の大きさはあまり大きくありません．そこで，統計学では次善の策として，標本平均が母平均とどれだけ近いかを推定しようと考えます．具体的には，ある区間を考え，母平均がその区間に「ある値以上の確率」で入るように，その区間を推定します．この区間のことを**信頼区間**と言います．また，「ある値以上の確率」を通常 $1-\alpha$ と書き，これを**信頼係数**と呼びます．α は 0 以上 1 以下の数値で，その区間に母平均が入らない確率を意味します．

　下の図は，$\alpha = 0.05$ つまり信頼係数が $1-\alpha = 0.95 = 95\%$ のときの信頼区間のイメージです．

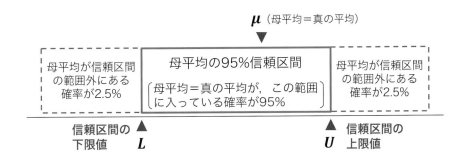

信頼区間は，下限の数値と上限の数値で表します．

4.3　母平均の区間推定

　次は，ある企業の顧客の平均購入金額です．データベースから無作為抽出して得た標本データで，500 名分あります．このデータはダウンロードできます．

	A	B
1	customer_id	price
2	A0001	570
3	A0002	852
4	A0003	514
5	A0004	647
6	A0005	500
7	A0006	858
8	A0007	340
9	A0008	757
10	A0009	799
11	A0010	554
12	A0011	932
13	A0012	826
14	A0013	514
15	A0014	563
16	A0015	760
17	A0016	809
18	A0017	652
19	A0018	618
20	A0019	674
21	A0020	516
	A0021	510

　この標本から母平均の信頼区間を推定してみましょう．ただし，信頼係数は 95% とします．

　いま，母集団の分散（母分散）はわからないものとします（普通，母分散はわかりませんね）．このとき，母平均の信頼区間を推定するために **t 値**と **t 分布**というものを利用します．

　t 値は次のような計算をして求められる数値です．

$$t \text{ 値} = \frac{\overline{X} - \mu}{\sqrt{\dfrac{s^2}{n}}}$$

ここで，$\overline{X}$ は標本平均で，μ は母平均，s^2 は前章で登場した標本分散，n は標本の大きさです．s^2 は**不偏分散**とも言います．

　母平均の信頼区間を直接求めることができればよいのですが，あいにくそのようなうまい方法はありません．そこで，母平均の代わりに t 値という数値を計算し，その t 値が信頼区間に入るための条件を求めます．そして，その条件から母平均の信頼区間を求めるという手順を取ります．

t 値が信頼区間に入るための条件は，t 値の確率分布から求めます．この t 値は，前節の確率論の復習のところで出てきた標準化

$$z = \frac{x - \mu}{\sigma}$$

と形が似ていますね．中心極限定理によって，z の確率分布は標準正規分布になります．では，形が似ている t 値も標準正規分布になるか，というと残念ながらそうはなりません．その代わり，t 値は t 分布という確率分布になります．

実は，t 分布は標準正規分布を基に作られていて，標準正規分布と形が非常によく似ています．ただし，標準正規分布と違って，**自由度**というものの値によって形が変わります．

自由度とは標本の大きさ（つまり，データの個数）から 1 を引いた数値です．標本の大きさは n ですから，自由度は $n-1$ になります[*1]．この例では顧客データが 500 名分ありますから，$n = 500$ であり，従って自由度は $n - 1 = 499$ となります．

次のグラフは，自由度がそれぞれ 1, 2, 30 の場合の t 分布のグラフです．自由度は k で表します．

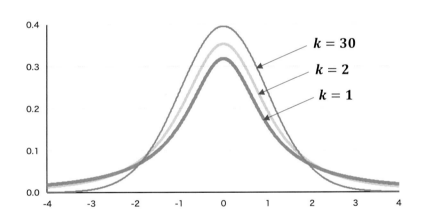

グラフからわかるように，標準正規分布とそっくりで，自由度が大きくなるほど正規分布に近づいていきます．

t 分布を用いると，前に標準正規分布でやったのと同じように，t 値がある範囲の数値をとる確率を求めることができます．逆に，確率を決めて，その確率になる t 値の範囲を計算することも可能です．その確率とはすなわち信頼係数のことです．

計算は，この後 Excel を使って行いますが，その前に次の図で t 分布と信頼区間の関係のイメージをつかんでおきましょう．

[*1] 前章で，標本分散を計算するときに，偏差平方和をデータ個数から 1 少ない数で割り算しましたね．つまり，標本分散は，偏差平方和を自由度で割り算して求めているわけです．

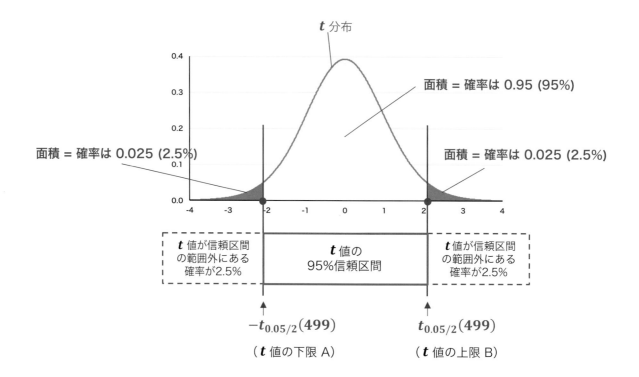

t値が95%の信頼区間に入るための下限値を A，上限値を B と書くと，t値が信頼区間に入るための条件は

$$A \leq \frac{\overline{X} - \mu}{\sqrt{\dfrac{s^2}{n}}} \leq B$$

という不等式になります．上のグラフの丸い点のところが A と B です．

このAとBは，符号が − か + かの違いだけで，絶対値は同じです．そこで，簡単にするために

$$A = -t_{0.05/2}(499),$$
$$B = t_{0.05/2}(499)$$

と書くことにします．t の右下の数字 0.05/2 の 0.05 は，先ほど出てきた α（その区間に母平均が入らない確率）です．なぜ 0.05/2 のように 2 で割り算しているかというと，上のグラフからもわかるように，t 分布の両端の影の部分がそれぞれ $\frac{\alpha}{2} = \frac{0.05}{2}$ となるからです．また，(　) 内の数値は自由度です．t 分布の形は自由度によって変わるため，自由度がいくつかがわかるように，このように記述します．

さて，この $t_{0.05/2}(499)$ の具体的な数値を求められれば，t 値が信頼区間に入るための条件が得られます．問題は $t_{0.05/2}(499)$ をどうやって求めるかですが，Excel を使うとすぐに計算できます．

いま，この $t_{0.05/2}(499)$ の具体的な数値が計算できたとしましょう．では，ここからどうやって母平均の信頼区間を求めれば良いでしょうか．そのために，上の式を変形してみます．すると，

$$\overline{X} - t_{0.05/2}(499) \times \sqrt{\frac{s^2}{n}} \leq \mu \leq \overline{X} + t_{0.05/2}(499) \times \sqrt{\frac{s^2}{n}}$$

のようになります（式の変形の方法がわからなくても問題ありません）.

この不等式が，母平均 μ が信頼区間に入るための条件です．母平均 μ を不等号で挟んでいる左側の $\overline{X} - t_{0.05/2}(499) \times \sqrt{\frac{s^2}{n}}$ が母平均の 95% 信頼区間の下限（L），$\overline{X} + t_{0.05/2}(499) \times \sqrt{\frac{s^2}{n}}$ が上限（U）になります．

要するに，区間推定とは，

$$母平均の下限 = \overline{X} - t_{0.05/2}(499) \times \sqrt{\frac{s^2}{n}}$$

$$母平均の上限 = \overline{X} + t_{0.05/2}(499) \times \sqrt{\frac{s^2}{n}}$$

を計算すればよい，ということになります.

それでは，いよいよ Excel で信頼区間の推定を行ってみましょう．

Excel で信頼区間を求める方法は，上の式に登場する標本平均 $\overline{X}$，標本分散（不偏分散）s^2，標本の大きさ（データの個数）n，そして上限もしくは下限の $t_{0.05/2}(499)$ をそれぞれ計算し，最後のこれらを上の式に当てはめるというものです．

手順1

次のように入力します．

	A	B	C	D	E	F	G	H
1	customer_id	price						
2	A0001	570		標本平均				
3	A0002	852		標本不偏分散				
4	A0003	514		標本サイズ				
5	A0004	647		自由度				
6	A0005	500		信頼係数				
7	A0006	858		1-信頼係数（両側）				
8	A0007	340		t分布の値				
9	A0008	757						
10	A0009	799			下限	上限	区間の範囲	範囲の片側
11	A0010	554		区間推定				

D2 セルの「標本平均」は上の式の $\overline{X}$ のことです．同様に，D3 セルの「標本不偏分散」は s^2，「標本サイズ」は標本の大きさ（データの個数）n です．「自由度」は標本サイズから 1 を引いた数，すなわち $n-1$ です．「1-信頼係数」は前述した α のことです．そして，「t 分布」は上の式の $t_{0.05/2}(499)$ のことです．

手順 2

標本平均 $\overline{X}$ を計算します．E2 セルに式「=AVERAGE(B2:B501)」を入力します．

手順 3

標本不偏分散 s^2 を計算します．E3 セルに式「=VAR.S(B2:B501)」を入力します．

手順4

標本サイズ n を求めます．n はデータの個数ですから，E4 セルに式「=COUNT(B2:B501)」を入力します．

SUM	▼	:	×	✓	f_x	=COUNT(B2:B501)		
◢	A	B	C	COUNT(値1, [値2], ...)	E	F	G	H
1	customer_i	price						
2	A0001	570		標本平均	677.062			
3	A0002	852		標本不偏分散	31012.5			
4	A0003	514		標本サイズ	=COUNT(B2:B501)			
5	A0004	647		自由度				
6	A0005	500		信頼係数				
7	A0006	858		1-信頼係数（両側）				
8	A0007	340		t分布の値				
9	A0008	757						
10	A0009	799			下限	上限	区間の範囲	範囲の片側
11	A0010	554		区間推定				

手順5

自由度は標本サイズ n から 1 を引いたものですから，E5 セルに式「=E4-1」を入力します．

SUM	▼	:	×	✓	f_x	=E4-1		
◢	A	B	C	D	E	F	G	H
1	customer_i	price						
2	A0001	570		標本平均	677.062			
3	A0002	852		標本不偏分散	31012.5			
4	A0003	514		標本サイズ	500			
5	A0004	647		自由度	=E4-1			
6	A0005	500		信頼係数				
7	A0006	858		1-信頼係数（両側）				
8	A0007	340		t分布の値				
9	A0008	757						
10	A0009	799			下限	上限	区間の範囲	範囲の片側
11	A0010	554		区間推定				

手順 6

　信頼係数は 95% としていますので，E6 セルに式「0.95」を入力します．次の 1-信頼係数は，E7 セルに式「=1-E6」を入力します．

SUM			f_x	=1-E6			
	A	B	C	D	E	F	G	H
1	customer_i	price						
2	A0001	570		標本平均	677.062			
3	A0002	852		標本不偏分散	31012.5			
4	A0003	514		標本サイズ	500			
5	A0004	647		自由度	499			
6	A0005	500		信頼係数	0.95			
7	A0006	858		1-信頼係数（両側）	=1-E6			
8	A0007	340		t分布の値				
9	A0008	757						
10	A0009	799			下限	上限	区間の範囲	範囲の片側
11	A0010	554		区間推定				

手順 7

　t 分布の値は Excel の関数 T.INV.2T(,) を使って求めます．関数 T.INV.2T(,) の入力規則は次のとおりです．いまは $\alpha = 0.05$ です．

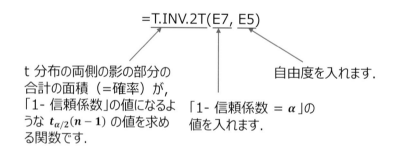

$$=\text{T.INV.2T(E7, E5)}$$

t 分布の両側の影の部分の
合計の面積（＝確率）が，
「1- 信頼係数」の値になるような $t_{\alpha/2}(n-1)$ の値を求める関数です．

「1- 信頼係数 $= \alpha$」の
値を入れます．

自由度を入れます．

E8 セルに式「=T.INV.2T(E7,E5)」を入力します.

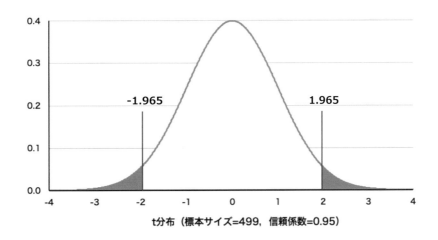

SUM	▼	:	×	✓	f_x	=T.INV.2T(E7,E5)		
▲	A	B	C	T.INV.2T(確率, 自由度)	E	F	G	H
1	customer_i	price						
2	A0001	570		標本平均	677.062			
3	A0002	852		標本不偏分散	31012.5			
4	A0003	514		標本サイズ	500			
5	A0004	647		自由度	499			
6	A0005	500		信頼係数	0.95			
7	A0006	858		1-信頼係数（両側）	0.05			
8	A0007	340		t分布の値	=T.INV.2T(E7,E5)			
9	A0008	757						
10	A0009	799			下限	上限	区間の範囲	範囲の片側
11	A0010	554		区間推定				

　この式で求めているのは，次のグラフの両端の影の部分の面積を合計した値が「$1-$ 信頼係数 $= 0.05$」になるような t 分布の値 $t_{0.05/2}(499)$ です．$t_{0.05/2}(499)$ はグラフの横軸上の数値で，計算すると約 1.965 となります.

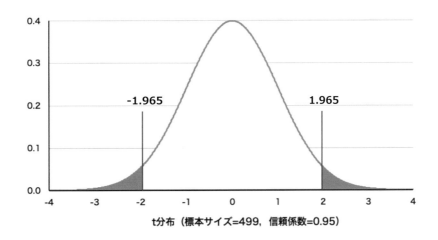

t分布（標本サイズ=499，信頼係数=0.95）

　繰り返しますが，t 値 $\dfrac{\overline{X}-\mu}{\sqrt{\frac{s^2}{n}}}$ の下限が $A = -t_{0.05/2}(499) = -1.965$，上限が $B = t_{0.05/2}(499) = 1.965$ になります．95% の確率で $\dfrac{\overline{X}-\mu}{\sqrt{\frac{s^2}{n}}}$ は -1.965 と 1.965 の間に入っているわけです．このことを式で書くと

$$-1.965 \leq \frac{\overline{X}-\mu}{\sqrt{\dfrac{s^2}{n}}} \leq 1.965$$

となり，これを変形すると

$$\overline{X} - 1.965 \times \sqrt{\frac{s^2}{n}} \le \mu \le \overline{X} + 1.965 \times \sqrt{\frac{s^2}{n}}$$

になります．

　これで信頼区間を計算する準備ができました．

手順 8

　それでは，信頼区間の下限を計算してみましょう．E11 セルに式「=E2-E8*SQRT(E3/E4)」を入力します．前に出てきた信頼区間の式と見くらべてください．

SUM	▼ :	×	✓	f_x	=E2-E8*SQRT(E3/E4)		
	D	E		F	G	H	
1							
2	標本平均	677.062					
3	標本不偏分散	31012.5					
4	標本サイズ	500					
5	自由度	499					
6	信頼係数	0.95					
7	1-信頼係数（両側）	0.05					
8	t分布の値	1.96473					
9							
10		下限	上限		区間の範囲	範囲の片側	
11	区間推定	=E2-E8*SQRT(E3/E4)					

手順9

信頼区間の上限の式は「=E2+E8*SQRT(E3/E4)」です.

念のために,信頼区間の幅とその半分の大きさ(これは標本平均から右側(若しくは,左側)の長さです)を計算しておきましょう.信頼区間の幅を計算する式は「=F11-E11」,その半分を計算する式は「=G11/2」です.

こうして,信頼区間を求めることができました.母平均 μ の信頼区間は $661.6 \leq \mu \leq 692.5$ です.標本平均は 677.1 ですが,真の平均は 95% の確率で 661.6 から 692.5 の間のどこかにある,ということです.

4.4　母比率の区間推定

前節では母集団の平均（母平均）の信頼区間を推定しました．同様に，母集団の中である条件に当てはまるものが存在する比率についても信頼区間を推定することができます．母集団における比率を母比率といいます．

次は，前節に登場した 500 名の顧客に対して割引クーポンを送付したところ，実際にそのクーポンを利用したかどうかをまとめたデータです．このデータはダウンロードできます．

	A	B	C	D
1	customer_id	price	coupon	coupon_use
2	A0001	570	利用あり	1
3	A0002	852	利用なし	0
4	A0003	514	利用なし	0
5	A0004	647	利用なし	0
6	A0005	500	利用なし	0
7	A0006	858	利用なし	0
8	A0007	340	利用なし	0
9	A0008	757	利用あり	1
10	A0009	799	利用なし	0
11	A0010	554	利用なし	0
12	A0011	932	利用なし	0
13	A0012	826	利用なし	0
14	A0013	514	利用なし	0
15	A0014	563	利用なし	0
16	A0015	760	利用なし	0
17	A0016	809	利用なし	0
18	A0017	652	利用なし	0
19	A0018	618	利用なし	0
20	A0019	674	利用なし	0
21	A0020	516	利用なし	0
	A0021	510	利用なし	

D 列の coupon_use は，クーポンを利用した会員には 1，利用しなかった会員には 0 が入っています．ここでは，この 500 名の標本データを使って，母集団におけるクーポンの利用率を推定してみます．

ある集団の中で，ある条件に合うものの個数を集団全体の個数で割り算したものを**比率**ということにします．その集団が母集団であればその比率を**母比率**と呼び，集団が標本であれば**標本比率**と呼びます．

いま，母集団の大きさ（データの個数）が N で，条件を満たすものの個数が X であったとします．このとき母比率は X を N で割り算すれば求められます．母比率を p と書くことにすると，

$$p = \frac{X}{N}$$

です.

　逆に，もし母比率 p がわかっていれば，X は $X = N \times p$ という計算をすれば求められます．では，標本の場合はどうでしょうか.

　例えば，母比率が 0.2 の母集団から大きさ（データ個数）が 10 の標本を抽出したとします．そのとき，条件を満たすものの個数が必ず 2 になるとは限りません．大きさが 10 の標本を何度も抽出したとすると，条件を満たすものの個数はその都度異なるはずです．1 のときもあれば，3 のときもあり，0 になるときもあります．この条件を満たすものの個数を標本の大きさ 10 で割り算したものが標本比率ですから，標本比率は標本を抽出する都度異なるということです．とはいえ，恐らく標本比率が 0.2 になる標本が一番多くなると予想できますね．つまり，標本比率は何らかの分布をする，ということです.

　ある条件を満たすものの個数の分布を**二項分布**と言います．二項分布は確率分布で，集団の大きさと母比率が決まると，分布の形が決まります．次のグラフは，標本の大きさ n が 10 で母比率 p が 0.2 の二項分布です．2 が一番多いですが，1 や 3 も少なからずありますね．また，分布はやや左側に偏った形をしています.

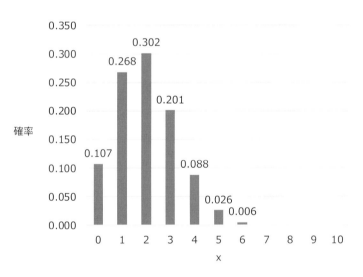

n = 10, p = 0.2の2項分布

　この二項分布の平均と分散は

$$平均：\quad np$$
$$分散：\quad np(1-p)$$

となることが知られています．n は標本の大きさ，p は母比率です.

　この二項分布は，中心極限定理によって，n が大きくなると平均が np，分散が $np(1-p)$ の正規分布に近づきます．次のグラフは標本の大きさ n を 100 としたときの二項分布です．左右対称の正規分布に近い形になっていることがわかりますね.

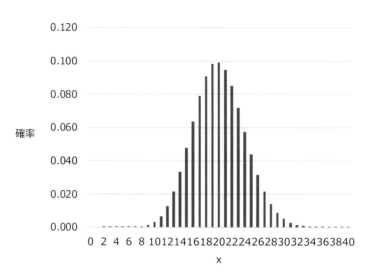

n = 100, p = 0.2の2項分布

　では，この X を前にやったように標準化してみます．標準化するには，X から平均を引いて標準偏差で割り算します．平均は np，標準偏差は分散が $np(1-p)$ でしたから $\sqrt{np(1-p)}$ になるので，

$$z = \frac{X - np}{\sqrt{np(1-p)}}$$

となります．すると，この z は平均が 0，分散が 1 の標準正規分布になります．

　ここで，標本比率を $\hat{p}$ と書くことにします．この標本比率は，次のように，ある条件を満たすものの個数 X を標本の大きさ n で割り算することで得られます．

$$\hat{p} = \frac{X}{n}.$$

そこで，上の z の式の分子と分母を n で割り算して変形すると

$$z = \frac{X - np}{\sqrt{np(1-p)}} = \frac{\frac{1}{n}}{\frac{1}{n}} \times \frac{X - np}{\sqrt{np(1-p)}} = \frac{\frac{X}{n} - p}{\sqrt{\frac{p(1-p)}{n}}} = \frac{\hat{p} - p}{\sqrt{\frac{p(1-p)}{n}}}$$

となります（式の変形がわからなくても問題ありません）．この

$$z = \frac{\hat{p} - p}{\sqrt{\frac{p(1-p)}{n}}}$$

も標準正規分布になります．

　そこで，標準正規分布を用いると，この z がある範囲の数値をとる確率を求める事ができます．逆に，その確率になる z の値の範囲を計算することも可能です．その確率が信頼係数になります．これは，母平均の信頼区間を求めるために t 分布を用いたのと同様です．

次のグラフは，信頼係数が 95% の信頼区間のイメージです．

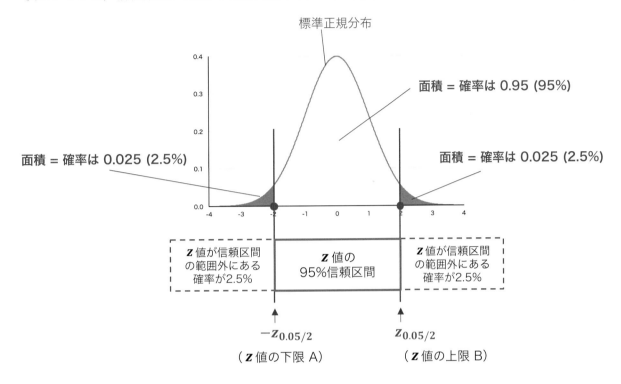

標準正規分布

面積 = 確率は 0.95 (95%)

面積 = 確率は 0.025 (2.5%)

面積 = 確率は 0.025 (2.5%)

z 値が信頼区間の範囲外にある確率が2.5%

z 値の 95%信頼区間

z 値が信頼区間の範囲外にある確率が2.5%

$-z_{0.05/2}$
(**z** 値の下限 A)

$z_{0.05/2}$
(**z** 値の上限 B)

z が 95% の信頼区間に入るための下限値を A，上限値を B と書くと，

$$A \leq \frac{\hat{p} - p}{\sqrt{\dfrac{p(1-p)}{n}}} \leq B$$

というようになります．上のグラフの丸い点のところが A と B です．

この A と B は，符号が $-$ か $+$ かの違いだけで，絶対値は同じです．そこで，簡単にするために $A = -z_{0.05/2}$，$B = z_{0.05/2}$ と書くことにします．z の右下の数字 $0.05/2$ の 0.05 は α（その区間に母比率が入らない確率）です．$0.05/2$ のように 2 で割り算している理由は，母平均の区間推定における t 分布のときと同じです．この式を変形すると，

$$\hat{p} - z_{0.05} \times \sqrt{\frac{p(1-p)}{n}} \leq p \leq \hat{p} + z_{0.05} \times \sqrt{\frac{p(1-p)}{n}}$$

となります（式の変形がわからなくても問題ありません）．

これで母比率 p についての信頼区間を求めるための式が得られました．しかし，この p の信頼区間の下限値と上限値の中には母比率 p 自身が含まれていて，このままでは信頼区間を計算できません．

ここで，標本比率 $\hat{p}$ は n が大きければほぼ母比率 p に一致すると考えます．そこで，下限値と上限値の中の $\sqrt{\frac{p(1-p)}{n}}$ の p を $\hat{p}$ で置き換えます．

以上から，母比率 p の 95% 信頼区間は次の式から求められます．

$$\hat{p} - z_{0.05} \times \sqrt{\frac{\hat{p}(1-\hat{p})}{n}} \leq p \leq \hat{p} + z_{0.05} \times \sqrt{\frac{\hat{p}(1-\hat{p})}{n}}.$$

　　それでは，Excel で母比率の区間推定をしてみましょう．流れは母平均の信頼区間の推定と同じです．

手順 1

次のように入力します.

	A	B	C	D	E	F	G	H	I	J
1	customer_id	price	coupon	coupon_use						
2	A0001	570	利用あり	1		coupon利用あり				
3	A0002	852	利用なし	0		標本サイズ				
4	A0003	514	利用なし	0		標本比率				
5	A0004	647	利用なし	0		信頼係数				
6	A0005	500	利用なし	0		1-信頼係数				
7	A0006	858	利用なし	0		1-信頼係数（片側）				
8	A0007	340	利用なし	0		標準正規分布の確率				
9	A0008	757	利用あり	1		標準正規分布の値				
10	A0009	799	利用なし	0						
11	A0010	554	利用なし	0			下限	上限	区間の範囲	範囲の片側
12	A0011	932	利用なし	0		区間推定				

手順 2

G2 セルから G9 セルに次のように入力します.

	F	G	H	I	J
1					
2	coupon利用あり	=SUM(D2:D501)			
3	標本サイズ	=COUNT(D2:D501)			
4	標本比率	=G2/G3			
5	信頼係数	0.95			
6	1-信頼係数	=1-G5			
7	1-信頼係数（片側）	=G6/2			
8	標準正規分布の確率	=1-G7			
9	標準正規分布の値	=NORM.S.INV(G8)			
10					
11		下限	上限	区間の範囲	範囲の片側
12	区間推定				

　　G2 セルの式「=SUM(D2:D501)」は，クーポン利用者数を計算しています．D2〜D501 には，クーポン利用者は 1，未利用者には 0 が入っているので，単純に合計するとクーポン利用者数を数えることができます.

　　G3 セルの式「=COUNT(D2:D501)」は，データの個数（すなわち，標本の会員数）を数えています.

　　G4 セルの式「=G2/G3」は，標本比率 $\hat{p}$ を求めています.

G5 セルには信頼係数の $95\% = 0.95$ を入力します．G6〜G8 セルは，信頼係数に当てはまる標準正規分布の値 $z_{0.05/2}$ を計算するためのものです．

G8 セルには「$1 - \dfrac{信頼係数}{2}$」の計算結果が入ります．

そして，G9 セルの式「=NORM.S.INV(G8)」で標準正規分布の値を求めます．関数 NORM.S.INV( ) の入力規則は次のとおりです．

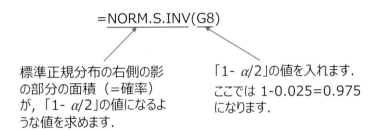

いま G8 セルの値は 0.95 ですから，NORM.S.INV(G8) は NORM.S.INV(0.95) になりますが，この関数は次のグラフのように標準正規分布のグラフの右側の影の部分**以外**の面積が 0.95 となるような $z_{0.05/2}$ の値を計算してくれます．

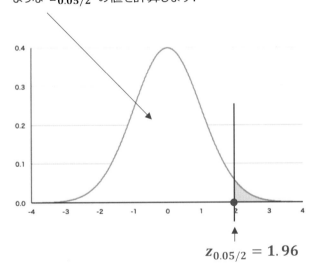

これで信頼区間を計算する準備ができました．

手順 3

　信頼区間の下限を計算します．G12 セルに式「=G4-G9*SQRT(G4*(1-G4)/G3)」を入力します．前に
出てきた信頼区間の式と見比べてください．

SUM	▼	⋮	× ✓ *fx*	=G4-G9*SQRT(G4*(1-G4)/G3)		
◢	F	G	H	I	J	
1						
2	coupon利用あり	29				
3	標本サイズ	500				
4	標本比率	0.058				
5	信頼係数	0.95				
6	1-信頼係数	0.05				
7	1-信頼係数（片側）	0.025				
8	標準正規分布の確率	0.975				
9	標準正規分布の値	1.95996				
10						
11		下限	上限	区間の範囲	範囲の片側	
12	区間推定	=G4-G9*SQRT(G4*(1-G4)/G3)				

手順 4

　信頼区間の上限を求める式は「=G4+G9*SQRT(G4*(1-G4)/G3)」を入力します．

SUM	▼	⋮	× ✓ *fx*	=G4+G9*SQRT(G4*(1-G4)/G3)		
◢	F	G	H	I	J	
1						
2	coupon利用あり	29				
3	標本サイズ	500				
4	標本比率	0.058				
5	信頼係数	0.95				
6	1-信頼係数	0.05				
7	1-信頼係数（片側）	0.025				
8	標準正規分布の確率	0.975				
9	標準正規分布の値	1.95996				
10						
11		下限	上限	区間の範囲	範囲の片側	
12	区間推定	0.03751	=G4+G9*SQRT(G4*(1-G4)/G3)			

　念のために，信頼区間の幅とその半分の大きさ（これは標本比率から右側（若しくは，左側）の長さ

です）を計算しておきましょう．信頼区間の幅を計算する式は「=H12-G12」，その半分を計算する式は
「=I12/2」です．

	F	G	H	I	J
1					
2	coupon利用あり	29			
3	標本サイズ	500			
4	標本比率	0.058			
5	信頼係数	0.95			
6	1-信頼係数	0.05			
7	1-信頼係数（片側）	0.025			
8	標準正規分布の確率	0.975			
9	標準正規分布の値	1.95996398			
10					
11		下限	上限	区間の範囲	範囲の片側
12	区間推定	0.03751186	0.07848814	0.04097628	0.02048814

こうして，信頼区間を求める事ができました．母比率の信頼区間は $0.038 \leq \mu \leq 0.078$ です．標本比率は 0.058 ですが，真の比率は 95% の確率で 0.038 から 0.078 の間のどこかにある，ということです．

第5章

検定

前章では，母集団全体を調べることができないとき，母平均や母比率がある確率（信頼係数）以上で入る区間を求める区間推定の方法を学びました．本章では，**統計的仮説検定**（簡単に，**仮説検定**，あるいはもっと簡単に**検定**ということもあります）の方法について学びます．仮設検定とは，母集団についての仮設（例えば，母平均がある値に一致している，または一致していない，という仮設）が妥当であるかどうかを検証する方法です．

5.1 仮説検定の考え方

はじめに，仮説検定の考え方や用語についてまとめておきます．

5.1.1 仮説検定とは

次の表は，ある企業が自社の顧客のうち 200 人を無作為抽出して購入金額の多い順に並べ，その上位 10% 以内の顧客，上位 10%～30% までの顧客，30% 以下の顧客の 3 つのグループに分け，各グループに属する顧客数と売上の合計金額，並びに各グループの売上合計金額が全体の売上に占める構成比を計算したものです．

	購入金額上位10%	購入金額上位10%～30%	購入金額上位30%～100%
顧客数	20	40	140
売上金額	498	368	371
売上金額の構成比	40.3%	29.7%	30.0%

これを見ると，上位 10% の 20 人の顧客で全体の売上の約 40%，次の上位 10%～30% の 40 人顧客で全体の売上の約 30%，残りの 140 人の顧客で全体の売上の約 30% を占めていることがわかります．このことから，この企業の全ての顧客（母集団）についても，例えば「上位 10% の顧客で売上の 40% を占めている」と言うことができるでしょうか．

この例の「上位 10% の顧客で売上の 40% を占めている」という主張を，**仮説**といいます．仮説は売上の 40% を占めると主張していますが，200 人の標本では 40.3% となっていて，すこし**ずれ**があります．この程度の大きさのずれは「よくありがちなもの」でしょうか，それとも「めったに起きないずれ」なのでしょうか．もし，めったに起きないほどの大きなずれが起きてしまっているのであれば，その原因は 40% という仮説にあります．従って，この仮説を採用することは正しくないと考えられます．

このように，仮設が妥当なのかどうかを検証するのが（統計的）仮説検定という手法です．

ここで，いくつかの用語について説明します．

上の例では，「上位 10% の顧客で売上の 40% を占めている」という仮説を立てました．この仮説は正しいかもしれないし，正しくないかもしれません．仮説検定とは，この仮説が正しいかどうかを検証することです（仮説検定の具体的手順は，この後で説明します）．この仮説のことを**帰無仮説（きむかせつ）**[*1] といいます．

仮説検定の結果，もし帰無仮説が正しいと仮定すると「めったに起きないずれ」が生じたとします．そのとき，この仮説は誤っていると判断せざるを得ません．このとき，仮説は**棄却（ききゃく）**されるといいます．

仮説を棄却するかどうかは，そのずれがめったに起きないものなのかどうかによって判断します．めったに起きないというのは，それが起こる確率が小さいということです．つまり，小さい確率でしか起こらないことが起きたのは帰無仮説が誤っているからだ，と判断するわけです．ところで，めったに起きない小さな確率とは，具体的にどれくらい小さい確率なのでしょう．統計解析では，その確率を 0.1（10%），0.05（5%），若しくは 0.01（1%）のいずれかにするのが一般的です．Excel などの統計ソフトでは，基本は 0.05（5%）となっています．この確率のことを**有意水準**といいます．仮説検定では，最初にこの有意水準を決めます．

仮説検定では，最初に帰無仮説が正しいものとして検証を行います．その結果，有意水準以下の確率でしか起こり得ないことが生じた場合，その帰無仮説は棄却されます．このとき，帰無仮説を棄却して終わりにするのでなく，あらかじめもう一つの仮説を立てておき，その仮説を帰無仮説の代わりに採用することにしましょう．この代わりに立てておく仮説を**対立仮説**といいます．対立仮説は，帰無仮説が棄却されるときに採用するものですから，帰無仮説と対立仮説は互いに否定の関係になければなりません．上の例で，帰無仮説を「上位 10% の顧客で売上の 40% を占めている」とするなら，対立仮説は例えば「上位 10% の顧客で売上の 40% を占めていない」となります．なお，仮説を採用することを**採択**するといいます．

このように，帰無仮説と対立仮説という 2 つの互いに否定の関係にある仮説をたて，仮説検定という手法を用いて

[*1] 「帰無」は，最初の仮説が採用されるかどうかの判断にさらすために立てられたもので，"無に帰することも予定して" くらいの意味です．深い意味はないので，「帰無」の意味は無視しても構いません．

- 帰無仮説を棄却する（＝対立仮説を採択する）
- 帰無仮説を棄却しない（＝対立仮説を採択しない）

のいずれかを決定します．帰無仮説を棄却するかしないかの判断基準は，めったに起きないようなことが起きたかどうか，つまり有意水準以下の確率でしか起こり得ないようなことが起きたかどうかです．何をもって"有意水準以下の確率でしか起こり得ないようなことが起きたかどうか"を判断するかというと，**検定統計量**という数値を計算し，帰無仮説を前提としたときにその検定統計量が実際に起こり得る確率を計算し，それが有意水準を上回っているかどうかを見ます．仮説検定の作業の中では，この検定統計量というものを計算するのが中心となります．

さて，帰無仮説を棄却するという判断をした場合に，有意水準以下の確率で帰無仮説が成り立つ可能性を残すことになります．すなわち，仮説検定に基づく判断は有意水準以下の確率で誤っている可能性があるのです．つまり，本当は正しい仮説を棄却してしまう場合や，逆に本当は間違っている仮説を棄却しないという可能性が残るのです．このパターンを表にまとめると次のようになります．

		真実	
		帰無仮説が正しい	対立仮説が正しい
検定の結論	帰無仮説を棄却しない （対立仮説が正しいと言えない）	正しい	第2種の過誤
	帰無仮説を棄却する （対立仮説が正しい）	第1種の過誤	正しい

この表で「第1種の過誤」というのは，本当は帰無仮説が正しいにもかかわらず誤って棄却することです．また，「第2種の過誤」とは，本当は対立仮説が正しいにもかかわらず帰無仮説を棄却しないことです．仮説検定を行う場合，常にこうした誤りが発生する可能性を念頭においておく必要があります．

5.1.2　仮説検定の方法

仮説検定の手順の大きな流れは次のようになります．

1. 有意水準を決めます．

有意水準は，通常は 0.1（10%），0.05（5%），若しくは 0.01（1%）のいずれかを選択しますが，ここでは 0.05（5%）とします．

2. 帰無仮説と対立仮説を立てます．

前の例では，次のようになります

　　　帰無仮説：上位 10% の顧客で売上の 40% を占めている

　　　対立仮説：上位 10% の顧客で売上の 40% を占めていない

3. 検定統計量を計算します．

帰無仮説が成り立つという前提のもとに，検定統計量を計算します．

検定統計量には，対象とするデータの種類や検定の目的などによって色々なものがありますが，ここでは，**t 検定量**というものを使います．t 検定量は，前章の母平均の区間推定に出てきた t 値と同じです．t 検定量を使う検定を **t 検定**といいます．

4. 計算した検定統計量の値が起こり得る確率を計算し，有意水準と比較します．

もし，検定統計量の起こり得る確率が有意水準より小さければ，帰無仮説を棄却します．

t 検定量の確率分布は t 分布になります．t 分布は自由度（標本の大きさから 1 を引いた数値）によってその分布の形が決まります．有意水準を決めれば，その有意水準に対応する t 値を求めることができます．その t 値を棄却するかどうかの**境界値**と呼びます．t 検定量の絶対値がこの境界値より大きければ，そのような大きな t 検定量が起こるのはめったにないことだ，と判断して帰無仮説を棄却します．

次のグラフは，棄却の境界値のイメージを表したものです．影の部分を**棄却域**と言います．

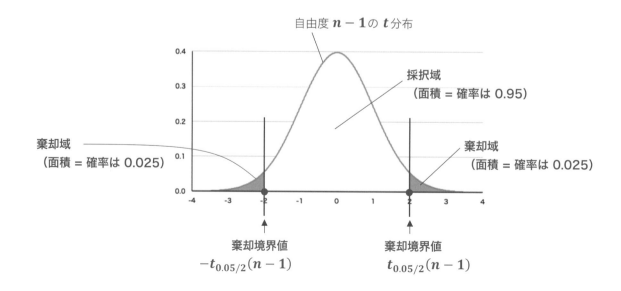

では，次の節で実際に Excel を使って仮説検定を行ってみます．

5.2 仮説検定の実行

次のデータは，ダイエット効果を謳っているあるスポーツクラブの会員のうち，100 名を無作為抽出した標本データです．このデータはダウンロードできます．

	A	B	C	D
1	menber_id	gender	BMI_before	BMI_after
2	K0001	男性	31.4	30.8
3	K0002	男性	33.1	33.8
4	K0003	女性	33.2	30.6
5	K0004	男性	30.4	31.5
6	K0005	男性	29.7	28.6
7	K0006	男性	26.6	26.7
8	K0007	女性	33.0	30.2
9	K0008	女性	34.6	31.1
10	K0009	女性	35.5	31.3
11	K0010	女性	32.8	30.5
12	K0011	女性	37.9	34.2
13	K0012	女性	29.4	26.7
14	K0013	女性	37.2	33.8
15	K0014	女性	34.8	32.1
16	K0015	女性	30.6	27.4
17	K0016	女性	34.9	31.4
18	K0017	男性	33.3	33.6
19	K0018	女性	34.1	31.1
20	K0019	女性	33.3	31.9
21	K0020	男性	28.9	29.6

A 列の `menber_id` は会員を識別するために付与した ID，B 列の `gender` は会員の性別，C 列の `BMI_before` はダイエットプログラム開始前の会員の BMI 値，D 列の `BMI_after` はダイエットプログラム後の BMI 値です[*2]．このデータから，ダイエットプログラムが本当に効果があったのか検定してみます．

なお，このデータのように，同一の対象（この場合は会員）について対になる 2 つの標本データがある場合，これを**対応のあるデータ**と言います．また，このような対応のある 2 つの標本データによる検定のことを，**対応のある 2 標本による検定**という言い方をします．

[*2] BMI とは Body Mass Index の略で，肥満度を示す指数です．計算式は BMI = 体重 kg ÷ (身長 m)^2 です．日本肥満学会によれば，BMI が 25 未満であれば普通で，25 を超えると肥満度 1，30 を超えると肥満度 2 となっています．

5.2.1 Excel の関数を使う方法

初めに，Excel に備わっている関数を使って仮説検定を行います．

手順 1

最初に行うことは，有意水準を決めることです．ここでは，0.05（5%）にします．

手順 2

帰無仮説と対立仮説を立てます．ここで検証したいことは，このスポーツクラブのダイエットプログラムに効果があるかどうか，ということです．そこで，

帰無仮説：プログラムにはダイエット効果がない

対立仮説：プログラムにはダイエット効果がある

としましょう．仮説検定によってこの帰無仮説が棄却されれば，ダイエット効果があったことになるからです．

手順 3

このデータでは，性別が日本語で入力されています．後で男女別に分析できるように，あらかじめ性別を数値化しておきましょう．

C 列に新たな列を挿入し，C1 セルに `gender_type` と入力します．そして，C2 セルに，IF 関数を使って性別を数値化するための式「`=IF(B2="男性",1,0)`」を入力します．

	A	B	C	BMI_before	BMI_after
	menber_id	gender	gender_type		
2	K0001	男性	=IF(B2="男性",1,0)		30.8
3	K0002	男性		33.1	33.8
4	K0003	女性		33.2	30.6
5	K0004	男性		30.4	31.5
6	K0005	男性		29.7	28.6

（数式バー：SUM　×　✓　fx　=IF(B2="男性",1,0)　　IF(論理式, [真の場合], [偽の場合])）

C2 セルの式をコピーして C3 セル以降のセルに入力します．

手順 4

ダイエット効果があったかどうかを検定したいので，各会員についてダイエットプログラム開始前と後の BMI 値の差を計算します．F1 セルに `BMI_diff` という新たなデータ項目名を入力します．そし

て，F2 セルに，式「=D2-E2」を入力します．これは，プログラム開始前の BMI 値から終了後の BMI 値を引いた値です．

仮説検定の対象となるデータはこの BMI_diff です．

SUM	▼	:	×	✓	f_x	=D2-E2

	A	B	C	D	E	F
1	menber_id	gender	gender_type	BMI_before	BMI_after	BMI_diff
2	K0001	男性	1	31.4	30.8	=D2-E2
3	K0002	男性	1	33.1	33.8	
4	K0003	女性	0	33.2	30.6	
5	K0004	男性	1	30.4	31.5	
6	K0005	男性	1	29.7	28.6	

F2 セルの式をコピーして F3 セル以降のセルに入力します．

手順 5

次に，H 列，I 列，J 列に，それぞれ次のように入力します．

	A	B	C	D	E	F	G	H	I	J
1	menber_id	gender	gender_type	BMI_before	BMI_after	BMI_diff			ダイエット効果	帰無仮説
2	K0001	男性	1	31.4	30.8	0.6		標本平均		
3	K0002	男性	1	33.1	33.8	-0.7		標本不偏分散		
4	K0003	女性	0	33.2	30.6	2.6		標本サイズ		
5	K0004	男性	1	30.4	31.5	-1.1		自由度		
6	K0005	男性	1	29.7	28.6	1.1		有意水準		
7	K0006	男性	1	26.6	26.7	-0.1		検定統計量		
8	K0007	女性	0	33.0	30.2	2.8		境界値（片側）		
9	K0008	女性	0	34.6	31.1	3.5		p値（片側）		
10	K0009	女性	0	35.5	31.3	4.2		境界値（両側）		
11	K0010	女性	0	32.8	30.5	2.3		p値（両側）		
12	K0011	女性	0	37.9	34.2	3.7				
13	K0012	女性	0	29.4	26.7	2.7		検定結果		

手順 6

BMI_diff の標本平均を計算します．I2 セルに式「=AVERAGE(F2:F101)」を入力します．

標本平均は 2.1 になるはずです．

手順 7

帰無仮説は「プログラムには効果がない」，つまりプログラム前後の BMI 値に差はない，ということですから，帰無仮説の列の標本平均（J2 セル）には 0 を入力します．

	H	I	J
1		ダイエット効果	帰無仮説
2	標本平均	2.1	0
3	標本不偏分散		
4	標本サイズ		
5	自由度		
6	有意水準		
7	検定統計量		
8	境界値（片側）		
9	p値（片側）		
10	境界値（両側）		
11	p値（両側）		
12			
13	検定結果		

重要なポイントは，今から行おうとしている仮説検定の目的は，帰無仮説によって仮定した母平均の

値 0 と，標本平均 2.1 との差である 2.1 という値が，よく起こり得ることなのか，めったに起きないことなのか，を検証することです．2.1 程度の差ならよく起きる，例えば 20% くらいの確率で発生するなら，母平均を 0 と仮定する帰無仮説は妥当と判断できます．しかし，有意水準である 5% 以下の確率でしか発生しないようなめずらしいことなら，最初に仮定した帰無仮説は妥当ではないと判断しなければなりません．

手順 8

BMI_diff の標本不偏分散を計算します．標本不偏分散を計算する関数は VAR.S( ) です．I3 セルに式「=VAR.S(F2:F101)」を入力します．

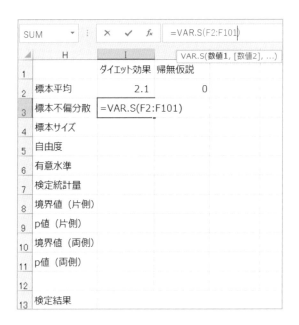

手順 9

続けて，標本の大きさ（標本サイズ）と自由度を計算し，さらに有意水準を入力します．標本サイズは関数 COUNT( ) を使い，I4 セルに式「=COUNT(F2:F101)」を入力します．

自由度は標本サイズから 1 を引いた値です．I5 セルに式「=I4-1」を入力します．

有意水準は 0.05 です．

▲	H	I	J
1		ダイエット効果	帰無仮説
2	標本平均	2.1	0
3	標本不偏分散	3.2618293	
4	標本サイズ	=COUNT(F2:F101)	
5	自由度	=I4-1	
6	有意水準	0.05	
7	検定統計量		
8	境界値（片側）		
9	p値（片側）		
10	境界値（両側）		
11	p値（両側）		
12			
13	検定結果		

ここまでで，検定統計量を計算する準備ができました．

ここで使う検定統計量は t 統計量，すなわち t 値です．区間推定で登場しましたが，t 値は次のような式で求めます．

$$t = \frac{\overline{X} - \mu}{\sqrt{\frac{s^2}{n}}}$$

ここで，$\overline{X}$ は標本平均，s^2 は標本不偏分散，n は標本サイズです．

問題は μ です．μ は母平均ですね．いま，私達は帰無仮説を「プログラムには効果がない＝プログラム前後の BMI 値の差は 0」としています．この帰無仮説が成り立つならば，母平均は 0 になるはずですね．そこで，μ の値は 0 と仮定します．これがまさに帰無仮説を表しているのです．

手順１０

それでは，上の t 値の式に従って，Excel で t 値を計算しましょう．

I7 セルに式「=(I2-J2)/SQRT(I3/I4)」を入力します．この Excel の式は上の t 値の式と同じものです．確認してください．

SUM	▼	:	×	✓	fx	=(I2-J2)/SQRT(I3/I4)

▲	H	I	J	K
1		ダイエット効果	帰無仮説	
2	標本平均	2.1	0	
3	標本不偏分散	3.2618293		
4	標本サイズ	100		
5	自由度	99		
6	有意水準	0.05		
7	検定統計量	=(I2-J2)/SQRT(I3/I4)		
8	境界値（片側）			
9	p値（片側）			
10	境界値（両側）			
11	p値（両側）			
12				
13	検定結果			

手順１１

今度は，帰無仮説を棄却するかどうかを決める境界値を計算します.

ところで，先ほど H 列に 2 種類の境界値の名称，すなわち**境界値（片側）**と**境界値（両側）**を入力しましたね．実は，仮説検定には**片側検定**と**両側検定**という 2 種類があります．片側検定とは，下の左側のグラフのように，棄却境界値が t 分布の片方の端にしかないもので，両側検定は棄却境界値が両側にあるものです.

片側検定の場合，片側の棄却域の面積が有意水準になり，両側検定の場合は両側の棄却域の面積の合計が有意水準になります.

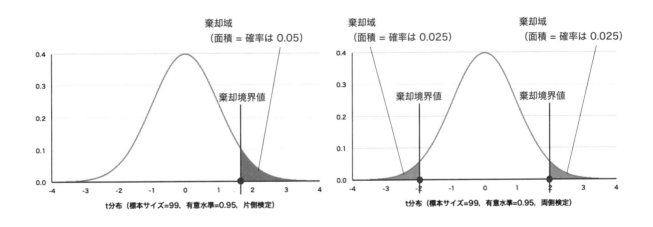

片側検定と両側検定のどちらを使うかは，対立仮説の立て方によります．今の例で対立仮説は「プログラムにはダイエット効果がある」であり，これを言い換えると「BMI_diff の母平均は 0 より大きい」

となります．このように，ある数値より大きい，または小さいという対立仮説を立てるときは，片側検定を行います．一方，もし対立仮説を単に「BMI_diff の母平均は 0 ではない」とするときは，母平均は 0 より大きい場合と小さい場合の両方があり得ますから，このときは両側検定を行います．

従って，この例では片側検定を行います．ただし，参考のために両側検定も合わせて行います．

片側検定において境界値を求める関数は T.INV(,) です．T.INV(,) の入力規則は次のとおりです．

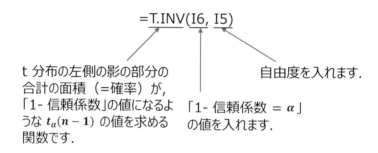

この関数で計算して求めた境界値はマイナスの値になります．その理由は，この関数は片側検定の棄却域が左側にあるとして境界値を計算するからです．しかし，値がマイナスだと見にくいので，実際に検定をするときは絶対値を求めてプラスの値にしておきます．絶対値の計算をする関数は ABS( ) です．

以上から，片側検定における境界値の計算は，次のように式「=ABS(T.INV(I6,I5))」で行います．

	ダイエット効果	帰無仮説
標本平均	2.1	0
標本不偏分散	3.2618293	
標本サイズ	100	
自由度	99	
有意水準	0.05	
検定統計量	11.810281	
境界値（片側）	=ABS(T.INV(I6,I5))	
p値（片側）		
境界値（両側）		
p値（両側）		
検定結果		

求めた境界値と検定統計量を比較すると，検定統計量が境界値を大きく超えていることがわかります．これは，検定統計量が棄却域に入っていることを意味しています．このことから，帰無仮説は棄却

されることになります.

手順１２

さらに, 検定統計量が起こり得る確率を求めてみましょう. これは, p 値という数値を計算するとわかります.

p 値とは, 検定統計量以上の値が起こり得る確率のことです. 私達はいま, 母平均を 0 と仮定し（帰無仮説です）, 標本平均の 2.1 との差がよく起きることなのか, めったに起きないことなのかを検定しようとしています. もし, 2.1 以上の差が生じる確率が有意水準の 5% を超えるなら, それはよく起きることだろうと判断し, 帰無仮説を採択します. 一方, 2.1 以上の差が生じる確率が有意水準の 5% 以下なら, それはめったに起きないことであり, そのようなことが生じているのは帰無仮説が誤っているからだと判断し, 帰無仮説を棄却します.

p 値は関数 T.DIST.RT(,) によって計算します. T.DIST.RT(,) の入力規則は次のとおりです.

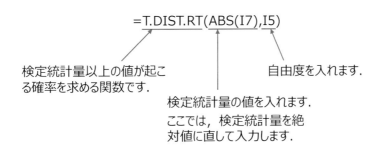

```
=T.DIST.RT(ABS(I7),I5)
```

検定統計量以上の値が起こる確率を求める関数です.

検定統計量の値を入れます.
ここでは, 検定統計量を絶対値に直して入力します.

自由度を入れます.

では, p 値を計算するために, I9 セルに式「=T.DIST.RT(ABS(I7),I5)」を入力します.

	H	I	
		ダイエット効果	帰無仮説
1			
2	標本平均	2.1	0
3	標本不偏分散	3.2618293	
4	標本サイズ	100	
5	自由度	99	
6	有意水準	0.05	
7	検定統計量	11.810281	
8	境界値（片側）	1.6603912	
9	p値（片側）	=T.DIST.RT(ABS(I7),I5)	
10	境界値（両側）		
11	p値（両側）		
12			
13	検定結果		

（数式バー: =T.DIST.RT(ABS(I7),I5 / T.DIST.RT(x, 自由度)）

手順１３

　ここまでで，仮説検定の作業は終了しました．さらに，参考のため，両側検定のほうもやっておきましょう．

　両側検定の境界値は，関数 T.INV.2T(,) を使います．これは，母平均の区間推定のときに使ったものと同じです．

　また，両側検定の p 値は，関数 T.DIST.2T(,) を使います．( ) 内に入れる数値の入力規則は関数 T.DIST.RT(,) と同様です．

　I10 セルと I11 セルに，それぞれ次のように入力します．

SUM	▾ ：	× ✓ *fx*	=T.INV.2T(ABS(I6),I5)
		T.INV.2T(確率, 自由度)	

▲	H	I
1		ダイエット効果　帰無仮説
2	標本平均	2.1　　　　0
3	標本不偏分散	3.2618293
4	標本サイズ	100
5	自由度	99
6	有意水準	0.05
7	検定統計量	11.810281
8	境界値（片側）	1.6603912
9	p値（片側）	6.536E-21
10	境界値（両側）	=T.INV.2T(ABS(I6),I5)
11	p値（両側）	
12		
13	検定結果	

SUM	▾ ：	× ✓ *fx*	=T.DIST.2T(ABS(I7),I5)
		T.DIST.2T(x, 自由度)	

▲	H	I
1		ダイエット効果　帰無仮説
2	標本平均	2.1　　　　0
3	標本不偏分散	3.2618293
4	標本サイズ	100
5	自由度	99
6	有意水準	0.05
7	検定統計量	11.810281
8	境界値（片側）	1.6603912
9	p値（片側）	6.536E-21
10	境界値（両側）	1.984217
11	p値（両側）	=T.DIST.2T(ABS(I7),I5)
12		
13	検定結果	

　これで，母平均に関する仮説検定は終了しました．この結果から何が分かるでしょうか．

　まず見るべきポイントは，検定統計量と境界値（片側）の数値の大きさです．検定統計量は 11.81 で境界値（片側）の 1.66 よりかなり大きくなっています．これは，検定統計量の値が，前に出てきた片側検定のグラフの右端の影の領域，すなわち棄却域にはいっていることを意味します（検定統計量と境界値（片側）ともに，グラフの横軸です）．このことから，帰無仮説は棄却すべきという結論になります．

　もう一つのポイントは p 値です．p 値と有意水準を比較します．p 値は 6.5356E-21 のように表示されていますね．E-21 というのは，$\frac{1}{10^{21}}$ のことで，p 値は 6.5356 を 10^{21} で割った数値になる，ということです．これはものすごく小さな数値であり，有意水準を遥かに下回っています．つまり，めったにありえないほど小さな確率だ，ということです．このことからも帰無仮説を棄却すべきという結論になります．

この結論を，検定結果のところに書いておきましょう．

▲	H	I	J	K	L
1		ダイエット効果	帰無仮説		
2	標本平均	2.1	0		
3	標本不偏分散	3.2618293			
4	標本サイズ	100			
5	自由度	99			
6	有意水準	0.05			
7	検定統計量	11.810281			
8	境界値（片側）	1.6603912			
9	p値（片側）	6.536E-21			
10	境界値（両側）	1.984217			
11	p値（両側）	1.307E-20			
12					
13	検定結果	帰無仮説は棄却される．すなわち，ダイエット効果があった．			

5.2.2 Excel の分析ツールを使う方法

今度は，Excel の分析ツールを使って仮説検定をしてみましょう．

手順1

データタブの中からデータ分析を選択します．表示されたボックスの中から t 検定：一対の標本による平均の検定を選択し，OK を押します．

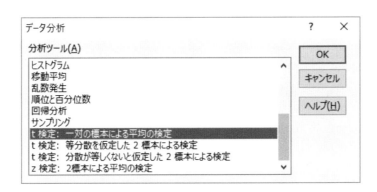

手順2

表示されたボックスで次のように指定していきます．

まず，変数 1 の入力範囲：には，D 列の BMI_before の列を指定します．D1 セルの項目名も範囲に含めます．

次に，**変数 2 の入力範囲：**には，E 列の BMI_after の列を指定します．E1 セルの項目名も範囲に含めます．

仮説平均との差異：には，帰無仮説の値である 0 を入力します．

ラベルにチェックを付けます．

α：には，有意水準である 0.05 を入力します．

最後に，**出力先**として，H16 セルを指定しましょう．

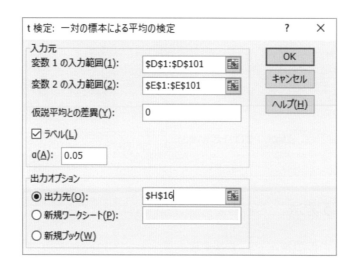

これで準備完了です．

OK を押すと，H16 セル以下に次のように出力されます．

t-検定: 一対の標本による平均の検定ツール		
	BMI_before	BMI_after
平均	32.564	30.431
分散	10.1801051	6.05751414
観測数	100	100
ピアソン相関	0.826191	
仮説平均との差異	0	
自由度	99	
t	11.8102813	
P(T<=t) 片側	6.5356E-21	
t 境界値 片側	1.66039116	
P(T<=t) 両側	1.3071E-20	
t 境界値 両側	1.98421695	

さきほどの Excel 関数を使って行った仮説検定の結果と見比べてください．項目の表示が少し異なる

部分がありますが，検定統計量や境界値，p 値は同じ数値が表示されていますね．分析ツールでは，検定統計量は t と表示されています．また，**観測数**は，標本の大きさ（データの個数）のことです．

　分析ツールを使うほうが作業は簡単ですね．しかし，Excel 関数を使う方法にもメリットがあります．それは，帰無仮説を色々変えたときの結果がすぐに分かる点です．

　試しに，J2 セルの値を 0 から 2 に変えてみましょう．検定統計量と p 値（片側），p 値（両側）の値がすぐに変わるのがわかりますね．分析ツールで帰無仮説を変えるには，先程の手順をその都度繰り返す必要があります．

	H	I	J	K	L	M
1		ダイエット効果	帰無仮説			
2	標本平均	2.1	2			
3	標本不偏分散	3.2618293				
4	標本サイズ	100				
5	自由度	99				
6	有意水準	0.05				
7	検定統計量	0.7364123				
8	境界値（片側）	1.6603912				
9	p値（片側）	0.2316106				
10	境界値（両側）	1.984217				
11	p値（両側）	0.4632213				
12						
13	検定結果	帰無仮説は棄却されない．すなわち，BMI＝2のダイエット効果があった．				

　帰無仮説を 2 にすると，p 値（片側）は有意水準の 0.05 より大きくなります．つまり，母平均が 2 である，という帰無仮説は棄却できません．棄却できないということは，母平均が 2 である可能性が高いということです．

　しかし，このことは母平均が必ず 2 であることを保証するものではありません．帰無仮説を 2.1 や 1.9 に変えても，帰無仮説は棄却できません．

　母平均の具体的な数値を推測するためには，前章で行った区間推定の手法を使います．仮説検定は，あくまで仮説が成り立つかどうかを検証するのが目的です．この例で検証したかった仮説は，このスポーツクラブのダイエットプログラムに効果があるかどうかです．仮説検定の結果，効果があることが判明しました．

　ちなみに，このプログラムで BMI 値は平均して 2 ぐらい減少しているようですが，例えば身長 170cm の人が BMI を 2 減らすには体重を 6kg くらい落とさなけれならないので，ダイエット効果はそこそこ大きいように思われますね．

5.3   母平均の差の検定（等分散のケース）

　前節では，100 名全体のダイエット効果を検証しました．しかし，ダイエット効果はもしかしたら男女で異なるかもしれません．そこで，男女別のダイエット効果に差が無いか検証してみましょう．

　これは，男性会員全員と女性会員全員をそれぞれ異なる 2 つの母集団と考え，その 2 つの母平均の差について検証するという仮説検定です．前節では，同一の対象（会員）について対になる 2 つの標本データを検定しましたが，ここでは異なる対象（男性会員と女性会員）についての標本データを検定します．このように異なる対象のデータを**対応のないデータ**といい，対応のない 2 つの標本データによる検定のことを，**対応のない 2 標本による検定**という言い方をします．なお，この検定においては，**男性会員の母集団の分散と女性会員の母集団の分散は等しい**，と仮定します．

5.3.1   Excel の関数を使う方法

　最初は Excel 関数を使う方法です．

手順 1

　有意水準は前と同様 0.05（5%）とします．

　帰無仮説と対立仮説は次のように立てることにします．

帰無仮説：男女のダイエット効果は差がない

対立仮説：男女のダイエット効果は差がある

対立仮説は単に差があるというもので，男性と女性のどちらのほうがよりダイエット効果が大きいかは問いません．この場合は両側検定になります．

手順2

まず，100名の標本データを男女別に分離します．分離の方法はいくつかありますが，ここではフィルター機能を使います．A1セルを選択し，データタブからフィルターを選んでクリックします．

手順3

`gender_type`のフィルターから1だけを選択しましょう．1は男性です．

手順 4

　男性だけが表示されています．この男性会員のデータを選択し，新しいシートを作ってそこにコピーしましょう．

	A	B	C	D	E	F
1	menber_id	gender	gender_typ	BMI_before	BMI_afte	BMI_diff
2	K0001	男性	1	31.4	30.8	0.6
3	K0002	男性	1	33.1	33.8	-0.7
5	K0004	男性	1	30.4	31.5	-1.1
6	K0005	男性	1	29.7	28.6	1.1
7	K0006	男性	1	26.6	26.7	-0.1
18	K0017	男性	1	33.3	33.6	-0.3
21	K0020	男性	1	28.9	29.6	-0.7
25	K0024	男性	1	27.6	28.6	-1
29	K0028	男性	1	28.9	26.6	2.3
34	K0033	男性	1	29.7	29.0	0.7
36	K0035	男性	1	26.3	27.3	-1

コピーして
新しいシート
に貼り付ける

	A	B	C	D	E	F
1	menber_id	gender	gender_type	BMI_before	BMI_after	BMI_diff
2	K0001	男性	1	31.4	30.8	0.6
3	K0002	男性	1	33.1	33.8	-0.7
4	K0004	男性	1	30.4	31.5	-1.1
5	K0005	男性	1	29.7	28.6	1.1
6	K0006	男性	1	26.6	26.7	-0.1
7	K0017	男性	1	33.3	33.6	-0.3
8	K0020	男性	1	28.9	29.6	-0.7
9	K0024	男性	1	27.6	28.6	-1
10	K0028	男性	1	28.9	26.6	2.3
11	K0033	男性	1	29.7	29.0	0.7
12	K0035	男性	1	26.3	27.3	-1

手順 5

　同様に，フィルターで女性のみを選び出してコピーし，これを先ほど作った新しいシートの男性の隣に貼り付けましょう．

	A	B	C	D	E	F	G	H	I	J	K	L	M
1	menber_id	gender	gender_type	BMI_before	BMI_after	BMI_diff		menber_id	gender	gender_type	BMI_befor	BMI_after	BMI_diff
2	K0001	男性	1	31.4	30.8	0.6		K0003	女性	0	33.2	30.6	2.6
3	K0002	男性	1	33.1	33.8	-0.7		K0007	女性	0	33	30.2	2.8
4	K0004	男性	1	30.4	31.5	-1.1		K0008	女性	0	34.6	31.1	3.5
5	K0005	男性	1	29.7	28.6	1.1		K0009	女性	0	35.5	31.3	4.2
6	K0006	男性	1	26.6	26.7	-0.1		K0010	女性	0	32.8	30.5	2.3
7	K0017	男性	1	33.3	33.6	-0.3		K0011	女性	0	37.9	34.2	3.7
8	K0020	男性	1	28.9	29.6	-0.7		K0012	女性	0	29.4	26.7	2.7
9	K0024	男性	1	27.6	28.6	-1		K0013	女性	0	37.2	33.8	3.4

手順 6

　これで男女別にデータを分離できたので，仮説検定の準備に入ります．今必要なデータは BMI_diff だけなので，他の列は非表示にしておきましょう（非表示にしなくても以降の作業に影響はありません）．

　女性のデータの右側のエリアに次のように項目名を入力します．ここでは，O 列から R 列の範囲で入力しています．項目名に先ほどの仮説検定とは違うものがありますが，この後説明します．

	A	F	G	H	M	N	O	P	Q	R
1	menber_id	BMI_diff		menber_id	BMI_diff			ダイエット効果 女性	ダイエット効果 男性	帰無仮説
2	K0001	0.6		K0003	2.6		標本平均			
3	K0002	-0.7		K0007	2.8		標本不偏分散			
4	K0004	-1.1		K0008	3.5		標本サイズ			
5	K0005	1.1		K0009	4.2		自由度			
6	K0006	-0.1		K0010	2.3		合体した自由度			
7	K0017	-0.3		K0011	3.7		合体した不偏分散			
8	K0020	-0.7		K0012	2.7		有意水準			
9	K0024	-1		K0013	3.4		検定統計量			
10	K0028	2.3		K0014	2.7		境界値（片側）			
11	K0033	0.7		K0015	3.2		p値（片側）			
12	K0035	-1		K0016	3.5		境界値（両側）			
13	K0036	1.1		K0018	3		p値（両側）			
14	K0037	0		K0019	1.4					
15	K0043	0.6		K0021	3.4		検定結果			

手順 7

次のように，女性の BMI_diff の標本平均を求めます．

手順 8

同様に，男性の BMI_diff の標本平均を求めます．

さらに，帰無仮説は 0 を入力します．この意味は，男女のダイエット効果に差がないということです．

手順9

　今度は，女性の標本不偏分散を求めます．P3 セルに式「=VAR.S(M2:M62)」を入力します．

　同様に，男性の標本不偏分散を求めます．さらに，女性会員と男性会員の標本サイズを計算します．関数 COUNT( ) を使います．自由度は標本サイズから 1 を引き算した値になります．

手順１０

女性会員と男性会員の自由度まで計算できたら，次に**合体した自由度**というものを求めます．次のように，S6 セルに式「=Q5+P5」を入力します．

	O	P	Q	R	S
1		ダイエット効果 女性	ダイエット効果 男性	帰無仮説	
2	標本平均	3.3	0.3	0	
3	標本不偏分散	1.480551913	0.788340081		
4	標本サイズ	61	39		
5	自由度	60	38		
6	合体した自由度				=Q5+P5
7	合体した不偏分散				
8	有意水準				
9	検定統計量				
10	境界値（片側）				
11	p値（片側）				
12	境界値（両側）				
13	p値（両側）				
14					
15	検定結果				

ここで，女性会員の標本データの自由度と男性会員の標本データの自由度を足し算して合体した自由度というものを作りました．これはどういう意味があるのでしょうか．

前章で説明した中心極限定理によれば，**標本平均は，平均が μ，分散が $\frac{\sigma^2}{n}$ の正規分布**に近づきます．これは母集団が一つの場合ですが，実は母集団が二つある場合についても同様のことが言えます．

いま二つの母集団 A と B があり，A の母平均が μ_1，母分散が σ_1^2，B の母平均が μ_2，母分散が σ_2^2 だとします．更に，母集団 A から抽出した大きさ m の標本の標本平均が $\overline{X}$，B から抽出した大きさ n の標本の標本平均が $\overline{Y}$ だったとします．中心極限定理によって，$\overline{X}$ は平均が μ_1 で分散が $\frac{\sigma_1^2}{m}$ の正規分布になり，また，$\overline{Y}$ は平均が μ_2 で分散が $\frac{\sigma_2^2}{n}$ の正規分布になります．このとき，

二つの標本平均の差 $\overline{X} - \overline{Y}$ は，平均が $\mu_1 - \mu_2$ で分散が $\frac{\sigma_1^2}{m} + \frac{\sigma_2^2}{n}$ の正規分布

になります．

この節の冒頭で仮定したように，男性会員の母集団の分散と女性会員の母集団の分散は等しくなっています．そこで，この共通の分散を σ^2 と書くと，このとき，

二つの標本平均の差 $\overline{X} - \overline{Y}$ は，平均が $\mu_1 - \mu_2$ で分散が $\sigma^2 \times \left(\frac{1}{m} + \frac{1}{n} \right)$ の正規分布

になります．

　しかしながら，これは母集団の分散（母分散）がわかっている場合の話で，今は母分散は分かりません．そこで，母分散の代わりに標本分散を使いたいのですが，母集団が二つありますから標本も二つあり，二つの標本分散は一致するとは限りません．そのため，次のような**合体した標本不偏分散**というものを作ります．

　合体した標本不偏分散

$$= \frac{(\text{A の標本の自由度}) \times (\text{A の標本不偏分散}) + (\text{B の標本の自由度}) \times (\text{B の標本不偏分散})}{(\text{A の標本の自由度}) + (\text{B の標本の自由度})}$$

母集団 A から抽出した標本の不偏分散を s_1^2，B から抽出した標本の不偏分散を s_2^2 とし，合体した標本不偏分散を s^2 と書くことにすると，上の式は次のように書けます．

$$s^2 = \frac{(m-1) \times s_1^2 + (n-1) \times s_2^2}{(m-1)+(n-1)} = \frac{(m-1) \times s_1^2 + (n-1) \times s_2^2}{m+n-2}$$

　この式には 2 つの自由度の足し算が出てくるので，S6 セルでその計算をしたわけです．

　以上より，母分散が分からない（ただし，二つの母分散は等しい）ときに，

　　二つの標本平均の差 $\overline{X} - \overline{Y}$ は，平均が $\mu_1 - \mu_2$ で分散が $s^2 \times \left(\dfrac{1}{m} + \dfrac{1}{n}\right)$ の正規分布

となります．検定統計量の計算のときに，この事実を使います．

手順11

　では，合体した不偏分散を求めます．上に出てきた式から，合体した不偏分散は式「=(P5*P3+Q5*Q3)/S6」となります．これを S7 セルに入力します．

SUM		fx =(P5*P3+Q5*Q3)/S6			
	O	P	Q	R	S	T
1		ダイエット効果 女性	ダイエット効果 男性	帰無仮説		
2	標本平均	3.3	0.3	0		
3	標本不偏分散	1.480551913	0.788340081			
4	標本サイズ	61	39			
5	自由度	60	38			
6	合体した自由度				98	
7	合体した不偏分散				=(P5*P3+Q5*Q3)/S6	
8	有意水準					
9	検定統計量					
10	境界値（片側）					
11	p値（片側）					
12	境界値（両側）					
13	p値（両側）					
14						
15	検定結果					

有意水準は 0.05 なので，S8 セルに 0.05 を入力します．

手順１２

検定統計量の t 値を計算します．2 つの母集団の母平均の差の検定を行う場合の t 値は，

$$t = \frac{(\overline{X} - \overline{Y}) - (\mu_1 - \mu_2)}{\sqrt{s^2 \times \left(\frac{1}{m} + \frac{1}{n}\right)}}$$

になります．ここで，$\overline{X}$ は女性の標本平均，$\overline{Y}$ は男性の標本平均，μ_1 は女性の母平均，μ_2 は男性の母平均です．帰無仮説では，男性と女性でダイエット効果に差はないのですから，$\mu_1 - \mu_2 = 0$ となります．

従って，検定統計量を Excel で計算する式は「=(P2-Q2-R2)/SQRT(S7*(1/P4+1/Q4))」になります．この式を S9 セルに入力します．

手順１３

　続けて，境界値（片側），p 値（片側），境界値（両側），p 値（両側）を計算する式を入力します．式は，前節の検定のときと同じです（式に入力するセル名は違います）．

	O	P	Q	R	S	T	U
1		ダイエット効果　女性	ダイエット効果　男性	帰無仮説			
2	標本平均	3.3	0.3	0			
3	標本不偏分散	1.480551913	0.788340081				
4	標本サイズ	61	39				
5	自由度	60	38				
6	合体した自由度				98		
7	合体した不偏分散				1.21214		
8	有意水準				0.05		
9	検定統計量				12.9771		
10	境界値（片側）				=ABS(T.INV(S8,S6))		
11	p値（片側）				=T.DIST.RT(ABS(S9),S6)		
12	境界値（両側）				=T.INV.2T(ABS(S8),S6)		
13	p値（両側）				=T.DIST.2T(ABS(S9),S6)		
14							
15	検定結果						

結果は次のようになります．

	O	P	Q	R	S
1		ダイエット効果　女性	ダイエット効果　男性	帰無仮説	
2	標本平均	3.3	0.3	0	
3	標本不偏分散	1.480551913	0.788340081		
4	標本サイズ	61	39		
5	自由度	60	38		
6	合体した自由度				98
7	合体した不偏分散				1.21214
8	有意水準				0.05
9	検定統計量				12.9771
10	境界値（片側）				1.66055
11	p値（片側）				2.6E-23
12	境界値（両側）				1.98447
13	p値（両側）				5.3E-23
14					
15	検定結果	帰無仮説は棄却される．すなわち，女性会員の方がダイエット効果があった．			

　対立仮説はダイエット効果に男女差がある，ですから両側検定です．p 値（両側）の値は 5.258E-23 ですから有意水準の 0.05 をかなり下回っています．従って，帰無仮説を棄却し，対立仮説を採択することになります．

5.3.2 Excel の分析ツールを使う方法

今度は，分析ツールを使って同じ検定をやってみましょう．

手順1

データタブから分析ツールを選び，表示されたボックスから **t 検定：等分散を仮定した 2 標本による検定**を選択し，OK を押します．

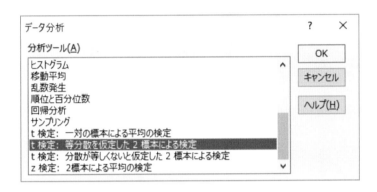

手順2

表示されたボックスで次のように指定していきます．

まず，**変数 1 の入力範囲**：には，女性の BMI_diff の列を指定します．M1 セルの項目名も範囲に含めます．

次に，**変数 2 の入力範囲**：には，男性の BMI_diff の列を指定します．F1 セルの項目名も範囲に含めます．

仮説平均との差異：には，帰無仮説の値である 0 を入力します．

ラベルにチェックを付けます．

α には，有意水準である 0.05 を入力します．

最後に，**出力先**として，O18 セルを指定します．

これで準備完了です.

OK を押すと，O18 以下に次のように出力されます.

t-検定: 等分散を仮定した2標本による検定		
	BMI_diff	BMI_diff
平均	3.275409836	0.346153846
分散	1.480551913	0.788340081
観測数	61	39
プールされた分散	1.212143243	
仮説平均との差異	0	
自由度	98	
t	12.97709773	
P(T<=t) 片側	2.62898E-23	
t 境界値 片側	1.660551217	
P(T<=t) 両側	5.25795E-23	
t 境界値 両側	1.984467455	

Excel 関数を使った検定結果と比べてみてください.

5.4　母平均の差の検定（等分散ではないケース）

前節では，対応のない2標本の検定を行いました．その時，2つの標本が抽出された元の2つの母集団の分散は等しい（等分散である），という仮定をおいていました．これは検定を簡単にするための仮定なのですが，現実には2つの異なる母集団の分散が常に一致することはありえません.

　Excel の分析ツールには，母分散が一致するとは言えない場合，つまり等分散ではない場合にも検定できるメニューがあります．

　本節では次のデータを使います．これは，日本を訪れた海外からの旅行者が，滞在中に 1 日あたり支出する金額をアンケート調査したものです．country A と country B はアンケートに回答した旅行者の出身国で，A 列と C 列に入力されている番号はアンケート回答者を示しています．B 列と D 列（どちらも price という項目名がついています）に入力されている数値が，回答者それぞれの 1 日当り支出金額です．このデータはダウンロードできます．

　そこで，出身国によって滞在中の支出額に差があるのかどうかを検証してみたいと思います．

　なお，country A 出身の回答者は 200 名，country B 出身の回答者は 150 名です．

	A	B	C	D
1	Country A	price	Country B	price
2	1	11846	1	6476
3	2	11992	2	14509
4	3	12383	3	13253
5	4	11129	4	9910
6	5	12676	5	13752
7	6	12315	6	11009
8	7	12238	7	14793
9	8	13081	8	12189
10	9	12040	9	10400
11	10	11192	10	12057
12	11	12074	11	11219
13	12	11719	12	14634
14	13	11661	13	11869
15	14	13031	14	15684
16	15	11218	15	12995
17	16	12142	16	13002
18	17	12097	17	15402
19	18	12311	18	14832
20	19	12407	19	11711
21	20	11569	20	10591
22	21	11940	21	11164

手順 1

　有意水準はこれまで通り 0.05 とします．

帰無仮説と対立仮説は次のように立てることにします.

帰無仮説：出身国によって支出額に差がない

対立仮説：出身国によって支出額に差がある

対立仮説は差があるというものですから, これは両側検定になります.

手順 2

データタブから分析ツールを選び, 表示されたボックスから t 検定：分散が等しくないと仮定 2 標本による検定を選択し, OK を押します.

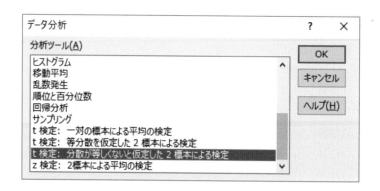

手順 3

表示されたボックスで次のように指定していきます.

まず, **変数 1 の入力範囲**：には, country A の price 列（B 列）を指定します. B1 セルの項目名も範囲に含めます.

次に, **変数 2 の入力範囲**：には, country B の price 列（D 列）を指定します. D1 セルの項目名も範囲に含めます.

二標本の平均値の差：には, 帰無仮説の値である 0 を入力します.

ラベルにチェックを付けます.

α には, 有意水準である 0.05 を入力します.

最後に, **出力先**として, F1 セルを指定します.

これで準備完了です.

OK を押すと，F1 以下に次のように出力されます.

t-検定: 分散が等しくないと仮定した2標本による検定		
	price	price
平均	12023.435	12299.0467
分散	359739.031	6717688.66
観測数	200	150
仮説平均との差異	0	
自由度	161	
t	-1.2769754	
P(T<=t) 片側	0.10172477	
t 境界値 片側	1.65437306	
P(T<=t) 両側	0.20344954	
t 境界値 両側	1.97480809	

　これを見ると，自由度の数値が変ですね．ここには合体した自由度の値が出力されるはずで，この例の場合は 348 となるはずです（country A の標本の自由度は 199，country B の標本の自由度は 149 で，両者を足し算すると 348 になります）.

　実は，分散が等しくないときの2標本による検定では，合体した自由度は次の式で計算します（この式を覚える必要も理解する必要もありません）.

$$\frac{\left(\frac{s_1^2}{n_1} + \frac{s_2^2}{n_2}\right)^2}{\frac{\left(\frac{s_1^2}{n_1}\right)^2}{n_1-1} + \frac{\left(\frac{s_2^2}{n_2}\right)^2}{n_2-1}}$$

これを Excel の式で計算するのは面倒ですが，分析ツールではそれを代わりにやってくれるので便利です．

さて，検定結果を見ると，p 値（両側）は 0.203 となっています．有意水準の 0.05 より大きいので，帰無仮説を棄却することはできません．つまり，出身国によって支出額には差がない，という結論になりました．

第6章

分散分析

前章では，2つの母集団から抽出された標本を使って，母平均の差の検定を行いました（2標本による t 検定）．母集団が3つ以上あるときは，**分散分析**という手法を使います．本章では，その中でも基本的な**一元配置**の分散分析をやってみます．

6.1　分散分析の考え方

はじめに，分散分析の考え方や用語についてまとめておきます．

次の表は，同程度の症状の糖尿病患者を3つのグループに分け，それぞれに異なる糖尿病治療薬を一定期間服用してもらった結果です．medicine A とは治療薬 A を服用したグループで，患者数は3名です．同様に medicine B，medicine C はそれぞれ治療薬 B，C を服用したグループで，患者数は3名と4名です．数値は血液中の血糖値の高さを示す指標である HbA1c の値が，治療薬服用後にどれだけ減少したか，その減少の大きさを示しています．この値が大きいほど治療薬の効果があったことになります．

このデータはダウンロードできます．

この結果から，治療薬 A，B，C の間には効果に差があったと言えるでしょうか．差があったかどうかを検証する方法が分散分析です．

	A	B	C
1	medicine A	medicine B	medicine C
2	0.9	2.1	1.4
3	1	1.7	1.7
4	0.8	2.6	1.2
5			1.5

分散分析も仮説検定と同じように帰無仮説と対立仮説を立てます.

帰無仮説：治療薬 A，B，C の効果には差がない

対立仮説：治療薬 A，B，C の効果には差がある

分散分析の考え方を捉えるために，この表から次のような散布図を作成してみます.

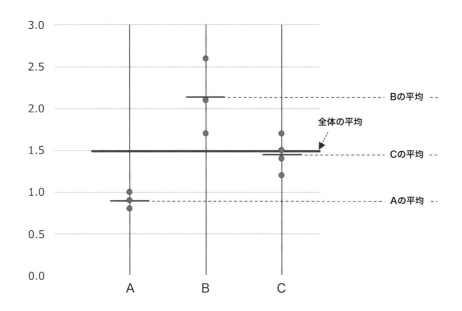

　横軸の A，B，C は患者グループを表し，A 軸，B 軸，C 軸上の点は各グループの患者それぞれの HbA1c 改善値を示しています. 1.5 の付近に引かれた長い横線は，全ての患者 10 名の HbA1c 改善値の平均です. また，A 軸，B 軸，C 軸の各軸に引かれた短い横線は，それぞれのグループでの HbA1c 改善値の平均です.

　これを見ると，次のことが言えそうです.

- 全ての患者 10 名の HbA1c 改善値は 0.8 から 2.6 の間にバラついている.
- 各グループ毎に見てもそれぞれの患者の HbA1c 改善値はバラついているが，患者 10 名全体のバラつきに比べるとグループ毎のバラつきは小さい.
- グループ毎の HbA1c 改善値の平均を比べてみると，明らかに差があるように見える.

　このバラつきのことをもう少し厳密に定義しましょう. すなわち，バラつきとはそれぞれの値が平均から離れている程度を表すものとし，これを**変動**と呼ぶことにします. そして，全ての患者の HbA1c 改善値のバラつきを**全変動**，各グループ内における患者の HbA1c 改善値のバラつきを**グループ内変動**，グループ毎の HbA1c 改善値の平均のバラつきを**グループ間変動**ということにします.

　次の図は，上の散布図に全変動とグループ内変動，グループ間変動を示したものです．

　全変動は各患者の HbA1c 改善値が全体の平均から離れている程度を表し，グループ内変動はそのグループの各患者の HbA1c 改善値がグループの平均から離れている程度を表します．また，グループ間変動は，グループの平均が全体の平均から離れている程度を表します．

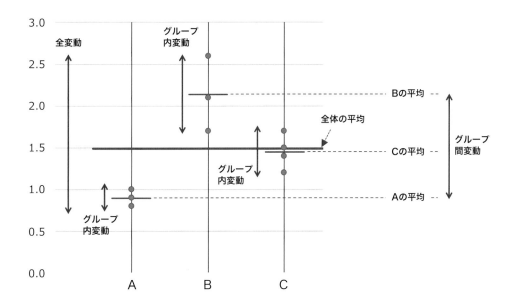

　各変動を数式で表すと次のようになります．

　まず，グループを i で表します．この例ではグループは A，B，C の 3 つですから，$i = 1, 2, 3$ です．次に，第 i 番目のグループの第 j 番目の患者の HbA1c 改善値を x_{ij} と書くことにします．さらに，第 i 番目のグループの患者の人数を n_i で表します．$n_1 = 3, n_2 = 3, n_3 = 4$ です．このとき，全体の平均を $\overline{x}$ と書くことにすると，

$$\overline{x} = \frac{x_{11} + x_{12} + x_{13} + x_{21} + x_{22} + x_{23} + x_{31} + x_{32} + x_{33} + x_{34}}{n_1 + n_2 + n_3}$$

$$= \frac{1}{n_1 + n_2 + n_3} \left(\sum_{j=1}^{n_1} x_{1j} + \sum_{j=1}^{n_2} x_{2j} + \sum_{j=1}^{n_3} x_{3j} \right)$$

となります．また，第 i 番目のグループの平均を $\overline{x}_i$ と書くことにすると，

$$\overline{x}_i = \frac{1}{n_i} \sum_{j=1}^{n_i} x_{ij}$$

となります．

このとき，

全変動：
$$\sum_{j=1}^{n_1}(x_{1j}-\overline{x})^2+\sum_{j=1}^{n_2}(x_{2j}-\overline{x})^2+\sum_{j=1}^{n_3}(x_{3j}-\overline{x})^2$$

グループ間変動：
$$n_i(\overline{x}_1-\overline{x})^2+n_2(\overline{x}_2-\overline{x})^2+n_3(\overline{x}_3-\overline{x})^2=\sum_{i=1}^{3}n_i(\overline{x}_i-\overline{x})^2$$

グループ内変動：
$$\sum_{j=1}^{n_1}(x_{1j}-\overline{x}_1)^2+\sum_{j=1}^{n_2}(x_{2j}-\overline{x}_2)^2+\sum_{j=1}^{n_3}(x_{3j}-\overline{x}_3)^2=\sum_{i=1}^{3}\sum_{j=1}^{n_i}(x_{ij}-\overline{x}_i)^2$$

となります．

　全変動は，全ての患者について HbA1c 改善値と全体の平均 $\overline{x}$ との差をとり，それを 2 乗したものを加えたもので，要するに偏差平方和です．

　グループ間変動は，グループの平均と全体の平均の差をとって 2 乗し，それにそのグループの患者数 n_i を乗じたものを，全てのグループについて加えたものです．これは，グループの平均が全体の平均からどれくらいバラついているかを表します．

　グループ内変動は，グループ毎に偏差平方和（各患者の HbA1c 改善値とグループの平均との差をとり 2 乗して加えたもの）を，全てのグループについて加えたものです．これは，グループ内で各患者の HbA1c 改善値がグループの平均からどれくらいバラついているかを表しています．

　変動をこのように定義すると，以下の関係が成り立つことがわかっています．

全変動 ＝ グループ間変動 ＋ グループ内変動

全変動はグループ間の変動とグループ内での変動に分解できるのです．

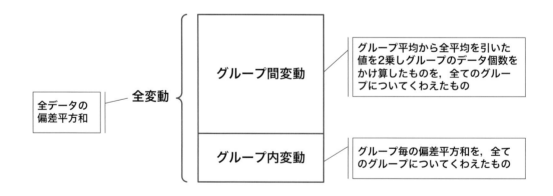

　さて，もしグループ内変動のほうが相対的にグループ間変動より大きければ，グループとしてのまとまりが弱く，つまりグループとしての特徴があまりないと言えます．従って，全変動は主に患者個々の何らかの属性の違い（例えば，体質など）によるものということになります．つまり，3 つの治療薬の効果に差はないということです．

一方，グループ間変動の方がブループ内変動よりも大きければ，グループとしてのまとまりが強く，グループとしての特徴があると言えます．従って，全変動は患者個々の属性の違いよりグループの特徴による部分が大きいということになります．これは，治療薬の効果に差があるということです．

以上のことから，グループ間変動とグループ内変動の大きさを比較することによって，グループの間に差があるのかどうかを検証できそうです．そこで，

$$\frac{\text{グループ間変動}}{\text{グループ内変動}}$$

という比を考えてみましょう．この比が 1 よりもかなり大きければグループ間変動の方がグループ内変動より相対的に大きく，従って治療薬の効果に差があることになります．逆に，この比が 1 をかなり下回るようなら，治療薬の効果に差はないということになります．

分散分析とは，この比を用いてグループ間変動，すなわち各グループの平均の差の有意性を検証する方法です．但し，実際にはこの比をそのまま用いることはできません．グループ間変動はグループの数が多くなるほど大きくなる傾向があり，またグループ内変動はグループ内のデータ個数（ここでは患者数）が多くなるほど大きくなるため，単純に比を計算するだけではグループの平均の差を検証することはできないのです．

そこで，区間推定や仮説検定で登場した不偏分散と同じように，グループ間変動とグループ内変動をそれぞれの自由度で割り算します．これにより，グループ数やデータ個数の違いを解消することができます．

グループ間変動の自由度は，グループの数から 1 を引いた値で，この例では 2 です．

一方，グループ内変動の自由度は，まずそれぞれのグループの自由度を求め，それらを加えたものになります．それぞれのグループの自由度は，グループ内のデータ個数（ここでは患者数）から 1 を引いたものになります．この例では，グループ A の自由度は 2，グループ B の自由度は 2，グループ C の自由度は 3 となり，従ってグループ内変動の自由度は 7 になります．このグループ内変動の自由度は，簡単に全てのデータ個数（患者数）からグループ数を引き算することで計算できます．

以上から，分散分析では

$$\frac{\text{グループ間変動} \div \text{グループ間変動の自由度}}{\text{グループ内変動} \div \text{グループ内変動の自由度}}$$

という比を検証します．この比を **F 値**または**分散比**と呼びます．グループ数を g，全てのデータ個数（ここでは患者数）を $n = n_1 + n_2 + \cdots + n_g$ とすると，F 値は

$$F \, \text{値} = \frac{\sum_{i=1}^{3} n_i (\overline{x}_i - \overline{x})^2 / (g-1)}{\sum_{i=1}^{3} \sum_{j=1}^{n_i} (x_{ij} - \overline{x}_i)^2 / (n-g)}$$

という式になります．

これで，分散分析のためには F 値を検証すればよいことがわかりました．次の問題は，F 値がどれくらい大きければ，つまりグループ間変動がグループ内変動よりどれくらい大きければグループの間に

差があると言えるのか，ということです．実は，F 値は F 分布という確率分布になります（区間推定や仮説検定で登場した t 値（t 検定量）は t 分布でしたね）．

　F 値には，グループ間変動の自由度とグループ内変動の自由度という 2 つの自由度がありました．F 分布は，この 2 種類の自由度の組み合わせによってその分布の形状が変わります．次のグラフは自由度が $(2,7)$，$(7,7)$，$(30,60)$ の 3 つの F 分布のグラフを描いたものです．

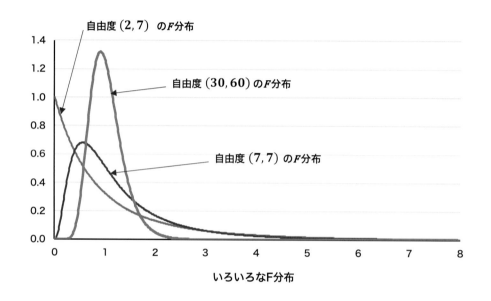

いろいろなF分布

　F 分布はこれまで見てきた正規分布や t 分布と異なり，中心より左側に偏った形をしています．

　前章の検定では，自由度によって t 分布が決まり，その上で有意水準を決めると帰無仮説の棄却境界値が求められました．分散分析でも同様に，自由度（但し，2 つの自由度の組み合わせ）によって F 分布が決まり，その上で有意水準を決めると帰無仮説の棄却境界値を求めることができます．次のグラフは，自由度が $(2,7)$ の F 分布において有意水準が 0.05 のときの棄却境界値を示したものです．

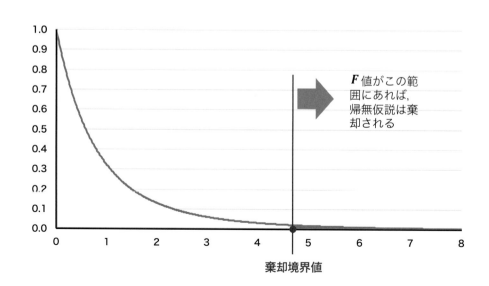

棄却境界値

F 値がこの棄却境界値より大きければ，帰無仮説は棄却されます．

以上が分散分析の基本的な考え方です．では，次の節で，実際に分散分析を行ってみます．

6.2 分散分析の実行

前節で例示した 3 つの糖尿病治療薬について，その効果の差の有無について分散分析により検証してみます．

手順 1

最初に行うことは，有意水準を決めることです．ここでは，0.05（5%）にします．

手順 2

帰無仮説と対立仮説を立てます．帰無仮説と対立仮説は前に立てたように，

帰無仮説：治療薬 A，B，C の効果には差がない

対立仮説：治療薬 A，B，C の効果には差がある

です．

分散分析によってこの帰無仮説が棄却されれば，3 つの治療薬の効果には差があるということになります．

手順 3

E 列から K 列の範囲に次のように入力します.

	E	F	G	H	I	J	K
1							
2	全体の標本サイズ						
3	全体の自由度						
4	データ全体の平均						
5	データ全体の平均からの各データの偏差平方和						
6							
7		medicine A	medicine B	medicine C	合計		
8	標本サイズ						
9	グループ毎の自由度						
10	グループ毎の平均						
11	グループ毎平均と全体平均の偏差						
12	グループ毎平均と全体平均の偏差の二乗						
13	グループ毎平均と全体平均の偏差の二乗×標本サイズ						
14							
15	有意水準						
16							
17	分散分析表						
18	変動要因	平方和	自由度	平均平方	F値	P値	境界値
19	グループ間変動						
20	グループ内変動						
21	全変動						

手順 4

最初に,データ全体についての平均や偏差平方和を計算します.

まず,F2 セルに全体の標本サイズ(データ個数.この例では全患者数)を求める式「=COUNT(A2:C5)」を入力します.

次に,全体の自由度を計算します.自由度は標本サイズから 1 を引いた値ですから,F3 セルに式「=F2-1」を入力します.

さらに,データ全体の平均を求めます.F4 セルに式「=AVERAGE(A2:C5)」を入力します.

最後に,データ全体の偏差平方和を求めます.偏差平方和の定義どおりに計算するなら,今求めたデータ全体の平均を各データから引き算し,その結果を 2 乗したものを全て加える,という手順になります.しかし,Excel には一度に偏差平方和を計算できる便利な関数 DEVSQ( ) があります.ここでは

この関数を使うことにし，F5 セルに式「=DEVSQ(A2:C5)」を入力します．

	E	F	G
1			
2	全体の標本サイズ	=COUNT(A2:C5)	
3	全体の自由度	=F2-1	
4	データ全体の平均	=AVERAGE(A2:C5)	
5	データ全体の平均からの各データの偏差平方和	=DEVSQ(A2:C5)	

手順5

次に，グループ毎の平均や偏差平方和を計算します．

まず，グループ毎の標本サイズを求めます．この例ではデータ個数が少ないので関数を使って数えるまでもないですが，データ個数が多い場合のことも考えて，COUNT( ) 関数を使います．F8 セルに式「=COUNT(A2:A4)」を入力します．

G8 セル，H8 セルにも同様の式を入力します（それぞれ，medicine B と medicine C のデータ個数をカウントするようにしてください）．

SUM		× ✓ fx	=COUNT(A2:A4			
		COUNT(値1, [値2], ...)				
	E			G	H	I
1						
2	全体の標本サイズ		10			
3	全体の自由度		9			
4	データ全体の平均		1.49			
5	データ全体の平均からの各データの偏差平方和		2.849			
6						
7			medicine A	medicine B	medicine C	合計
8	標本サイズ		=COUNT(A2:A4)			
9	グループ毎の自由度					
10	グループ毎の平均					
11	グループ毎平均と全体平均の偏差					
12	グループ毎平均と全体平均の偏差の二乗					
13	グループ毎平均と全体平均の偏差の二乗×標本サイズ					

手順6

次に，グループ毎の自由度を計算します．自由度は，標本サイズから 1 を引いた値ですから，F9 セルに式「=F8-1」を入力します．

G9 セル，H9 セルにも同様の式を入力します.

	E	F	G	H	I
	SUM ▼ × ✓ ƒx =F8-1				
1					
2	全体の標本サイズ	10			
3	全体の自由度	9			
4	データ全体の平均	1.49			
5	データ全体の平均からの各データの偏差平方和	2.849			
6					
7		medicine A	medicine B	medicine C	合計
8	標本サイズ	3	3	4	
9	グループ毎の自由度	=F8-1			
10	グループ毎の平均				
11	グループ毎平均と全体平均の偏差				
12	グループ毎平均と全体平均の偏差の二乗				
13	グループ毎平均と全体平均の偏差の二乗×標本サイズ				

さらに，グループ毎の自由度の合計値も計算しておきます．I9 セルに式「=SUM(F9:H9)」を入力します.

手順 7

グループ毎の平均を求めます．F10 セルに式「=AVERAGE(A2:A4)」を入力します.
G10 セル，H10 セルにも同様の式を入力します.

	E	F	G	H	I
	SUM ▼ × ✓ ƒx =AVERAGE(A2:A4)				
1					
2	全体の標本サイズ	10			
3	全体の自由度	9			
4	データ全体の平均	1.49			
5	データ全体の平均からの各データの偏差平方和	2.849			
6					
7		medicine A	medicine B	medicine C	合計
8	標本サイズ	3	3	4	
9	グループ毎の自由度	2	2	3	7
10	グループ毎の平均	=AVERAGE(A2:A4)			
11	グループ毎平均と全体平均の偏差				
12	グループ毎平均と全体平均の偏差の二乗				
13	グループ毎平均と全体平均の偏差の二乗×標本サイズ				

手順 8

今求めたグループ毎の平均それぞれとデータ全体の平均との差（偏差）を計算します．F11 セルに式「=F10-F4」を入力します．グループ毎の平均からデータ全体の平均を引き算するようにします．

G11 セル，H11 セルにも同様の式を入力します．

SUM ▾ : × ✓ fx	=F10-F4			
E	F	G	H	I
1				
2 全体の標本サイズ	10			
3 全体の自由度	9			
4 データ全体の平均	1.49			
5 データ全体の平均からの各データの偏差平方和	2.849			
6				
7	medicine A	medicine B	medicine C	合計
8 標本サイズ	3	3	4	
9 グループ毎の自由度	2	2	3	7
10 グループ毎の平均	0.9	2.133333	1.45	
11 グループ毎平均と全体平均の偏差	=F10-F4			
12 グループ毎平均と全体平均の偏差の二乗				
13 グループ毎平均と全体平均の偏差の二乗×標本サイズ				

手順 9

今求めた偏差を 2 乗します．F12 セルに式「=F11^2」を入力します．

G12 セル，H12 セルにも同様の式を入力します．

SUM ▾ : × ✓ fx	=F11^2			
E	F	G	H	I
1				
2 全体の標本サイズ	10			
3 全体の自由度	9			
4 データ全体の平均	1.49			
5 データ全体の平均からの各データの偏差平方和	2.849			
6				
7	medicine A	medicine B	medicine C	合計
8 標本サイズ	3	3	4	
9 グループ毎の自由度	2	2	3	7
10 グループ毎の平均	0.9	2.133333	1.45	
11 グループ毎平均と全体平均の偏差	-0.59	0.643333	-0.04	
12 グループ毎平均と全体平均の偏差の二乗	=F11^2			
13 グループ毎平均と全体平均の偏差の二乗×標本サイズ				

手順１０

　この偏差を 2 乗した値に，それぞれのグループの標本サイズ（患者数）をかけ算します．F13 セルに式「=F12*F8」を入力します．

　G13 セル，H13 セルにも同様の式を入力します．

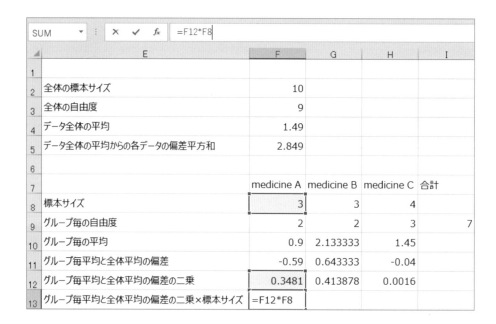

　さらに，これらの合計を求めておきます．I13 セルに式「=SUM(F13:H13)」を入力します．

	SUM		×	✓	fx	=SUM(F13:H13)		

	E	F	G	H	I
1					
2	全体の標本サイズ	10			
3	全体の自由度	9			
4	データ全体の平均	1.49			
5	データ全体の平均からの各データの偏差平方和	2.849			
6					
7		medicine A	medicine B	medicine C	合計
8	標本サイズ	3	3	4	
9	グループ毎の自由度	2	2	3	7
10	グループ毎の平均	0.9	2.133333	1.45	
11	グループ毎平均と全体平均の偏差	-0.59	0.643333	-0.04	
12	グループ毎平均と全体平均の偏差の二乗	0.3481	0.413878	0.0016	
13	グループ毎平均と全体平均の偏差の二乗×標本サイズ	1.0443	1.241633	0.0064	=SUM(F13:H13)

手順１１

F15 セルに有意水準の 0.05 を入力します.

	E	F	G	H	I
1					
2	全体の標本サイズ	10			
3	全体の自由度	9			
4	データ全体の平均	1.49			
5	データ全体の平均からの各データの偏差平方和	2.849			
6					
7		medicine A	medicine B	medicine C	合計
8	標本サイズ	3	3	4	
9	グループ毎の自由度	2	2	3	7
10	グループ毎の平均	0.9	2.13333333	1.45	
11	グループ毎平均と全体平均の偏差	-0.59	0.64333333	-0.04	
12	グループ毎平均と全体平均の偏差の二乗	0.3481	0.41387778	0.0016	
13	グループ毎平均と全体平均の偏差の二乗×標本サイズ	1.0443	1.24163333	0.0064	2.29233333
14					
15	有意水準	0.05			

手順１２

以上で準備が終わりました. では, いよいよ分散分析を行います.

分散分析の結果は, **分散分析表**という表形式で表します. 分散分析表は, 前述の３つの変動, グループ間変動, グループ内変動, 全変動から成っています. ここで,

全変動 ＝ データ全体の平均からの各データの偏差平方和

グループ間変動 ＝ グループ毎平均と全体平均の偏差の二乗 × 標本サイズの合計値

であることに注意してください.

さらに, ３つの変動の間には,

全変動 ＝ グループ間変動 ＋ グループ内変動

という関係がありました. これを使うと, グループ内変動は,

グループ内変動 ＝ データ全体の平均からの各データの偏差平方和
－［ グループ毎平均と全体平均の偏差の二乗 × 標本サイズの合計値 ］

となります.

このことを用いて, まずは３つの変動をまとめます. グループ間変動はグループ毎平均と全体平均の偏差の二乗×標本サイズの合計値 で, これは I13 セルで計算されていますから, F19 セルに式「=I13」

を入力します.

	SUM	▾	:	×	✓	fx	=I13		

◢	E	F	G	H	I	J	K
1							
2	全体の標本サイズ	10					
3	全体の自由度	9					
4	データ全体の平均	1.49					
5	データ全体の平均からの各データの偏差平方和	2.849					
6							
7		medicine A	medicine B	medicine C	合計		
8	標本サイズ	3	3	4			
9	グループ毎の自由度	2	2	3	7		
10	グループ毎の平均	0.9	2.133333	1.45			
11	グループ毎平均と全体平均の偏差	-0.59	0.643333	-0.04			
12	グループ毎平均と全体平均の偏差の二乗	0.3481	0.413878	0.0016			
13	グループ毎平均と全体平均の偏差の二乗×標本サイズ	1.0443	1.241633	0.0064	2.292333		
14							
15	有意水準	0.05					
16							
17	分散分析表						
18	変動要因	平方和	自由度	平均平方	F値	P値	境界値
19	グループ間変動	=I13					
20	グループ内変動						
21	全変動						

手順13

次に，全変動を入力します．全変動はデータ全体の平均からの各データの偏差平方和で，これは F5 セルで計算されていますから，F21 セルに式「=F5」を入力します．

	SUM ▼ : × ✓ *fx*	=F5					
◢	E	F	G	H	I	J	K
1							
2	全体の標本サイズ	10					
3	全体の自由度	9					
4	データ全体の平均	1.49					
5	データ全体の平均からの各データの偏差平方和	2.849					
6							
7		medicine A	medicine B	medicine C	合計		
8	標本サイズ	3	3	4			
9	グループ毎の自由度	2	2	3	7		
10	グループ毎の平均	0.9	2.133333	1.45			
11	グループ毎平均と全体平均の偏差	-0.59	0.643333	-0.04			
12	グループ毎平均と全体平均の偏差の二乗	0.3481	0.413878	0.0016			
13	グループ毎平均と全体平均の偏差の二乗×標本サイズ	1.0443	1.241633	0.0064	2.292333		
14							
15	有意水準	0.05					
16							
17	分散分析表						
18	変動要因	平方和	自由度	平均平方	F値	P値	境界値
19	グループ間変動	2.292333					
20	グループ内変動						
21	全変動	=F5					

手順１４

　グループ内変動は全変動からグループ間変動を引き算すれば求められますから，F20 セルに式「=F21-F19」を入力します．

	E	F	G	H	I	J	K
1							
2	全体の標本サイズ	10					
3	全体の自由度	9					
4	データ全体の平均	1.49					
5	データ全体の平均からの各データの偏差平方和	2.849					
6							
7		medicine A	medicine B	medicine C	合計		
8	標本サイズ	3	3	4			
9	グループ毎の自由度	2	2	3	7		
10	グループ毎の平均	0.9	2.133333	1.45			
11	グループ毎平均と全体平均の偏差	-0.59	0.643333	-0.04			
12	グループ毎平均と全体平均の偏差の二乗	0.3481	0.413878	0.0016			
13	グループ毎平均と全体平均の偏差の二乗×標本サイズ	1.0443	1.241633	0.0064	2.292333		
14							
15	有意水準	0.05					
16							
17	分散分析表						
18	変動要因	平方和	自由度	平均平方	F値	P値	境界値
19	グループ間変動	2.292333					
20	グループ内変動	=F21-F19					
21	全変動	2.849					

数式バー: SUM　=F21-F19

手順１５

　今度はそれぞれの変動の自由度を求めます．まず，グループ間変動の自由度ですが，これはグループ数から１を引いたものになります．グループの数は，この例ではすぐに数えられますが，グループ数が多い場合のことも考えて，COUNT( ) 関数を使ってグループ数を数えます．ここでは，次のように F10 セル〜H10 セルまでの数値の個数を数えることでグループ数を求めます（F10 セル〜H10 セル以外の行を使っても構いません．要するに，グループの個数をカウントできればいいです）．

G19 セルに式「=COUNT(F10:H10)-1」を入力します.

グループ内変動の自由度は，グループ毎の自由度を全てのグループについて足し算したもので，これは I9 セルですでに計算済みです.

また，全変動の自由度は，全データ個数から 1 を引いた値で，これも F3 セルで計算済みです（この後の計算では，全変動の自由度は使いません．これは参考のために入力しています）.

そこで，これらの計算結果を改めて G20 セルと G21 セルに入力します．

	E	F	G	H	I	J	K
1							
2	全体の標本サイズ	10					
3	全体の自由度	9					
4	データ全体の平均	1.49					
5	データ全体の平均からの各データの偏差平方和	2.849					
6							
7		medicine A	medicine B	medicine C	合計		
8	標本サイズ	3	3	4			
9	グループ毎の自由度	2	2	3	7		
10	グループ毎の平均	0.9	2.13333333	1.45			
11	グループ毎平均と全体平均の偏差	-0.59	0.64333333	-0.04			
12	グループ毎平均と全体平均の偏差の二乗	0.3481	0.41387778	0.0016			
13	グループ毎平均と全体平均の偏差の二乗×標本サイズ	1.0443	1.24163333	0.0064	2.29233333		
14							
15	有意水準	0.05					
16							
17	分散分析表						
18	変動要因	平方和	自由度	平均平方	F値	P値	境界値
19	グループ間変動	2.29233333	2				
20	グループ内変動	0.55666667	=I9				
21	全変動	2.849	=F3				

手順１６

それぞれの変動について平方和と自由度を求めることができたので，次に，それぞれの変動ごとに平方和を自由度で割り算した値を計算します．平方和を自由度で割り算した値を平均平方ということがあります．

まず，グループ間変動の平均平方を計算します．H19 セルに式「=F19/G19」を入力します．

	E	F	G	H	I	J	K
	SUM ▼ ⋮ × ✓ *fx*	=F19/G19					
1							
2	全体の標本サイズ	10					
3	全体の自由度	9					
4	データ全体の平均	1.49					
5	データ全体の平均からの各データの偏差平方和	2.849					
6							
7		medicine A	medicine B	medicine C	合計		
8	標本サイズ	3	3	4			
9	グループ毎の自由度	2	2	3	7		
10	グループ毎の平均	0.9	2.133333	1.45			
11	グループ毎平均と全体平均の偏差	-0.59	0.643333	-0.04			
12	グループ毎平均と全体平均の偏差の二乗	0.3481	0.413878	0.0016			
13	グループ毎平均と全体平均の偏差の二乗×標本サイズ	1.0443	1.241633	0.0064	2.292333		
14							
15	有意水準	0.05					
16							
17	分散分析表						
18	変動要因	平方和	自由度	平均平方	F値	P値	境界値
19	グループ間変動	2.292333	2	=F19/G19			
20	グループ内変動	0.556667	7				
21	全変動	2.849	9				

　同様に，グループ内変動，全変動それぞれの平均平方を計算します．H20 セルと H21 セルにそれぞれ式「=F20/G20」，「=F21/G21」を入力します．

手順１７

いよいよ F 値を計算します. F 値はグループ間変動とグループ内変動の比で,「**グループ間変動 ÷ グループ内変動**」という計算式になります. そこで, I19 セルに式「=H19/H20」を入力します.

SUM	▼	:	× ✓	fx	=H19/H20		

▲	E	F	G	H	I	J	K
1							
2	全体の標本サイズ	10					
3	全体の自由度	9					
4	データ全体の平均	1.49					
5	データ全体の平均からの各データの偏差平方和	2.849					
6							
7		medicine A	medicine B	medicine C	合計		
8	標本サイズ	3	3	4			
9	グループ毎の自由度	2	2	3	7		
10	グループ毎の平均	0.9	2.133333	1.45			
11	グループ毎平均と全体平均の偏差	-0.59	0.643333	-0.04			
12	グループ毎平均と全体平均の偏差の二乗	0.3481	0.413878	0.0016			
13	グループ毎平均と全体平均の偏差の二乗×標本サイズ	1.0443	1.241633	0.0064	2.292333		
14							
15	有意水準	0.05					
16							
17	分散分析表						
18	変動要因	平方和	自由度	平均平方	F値	P値	境界値
19	グループ間変動	2.292333	2	1.146167	=H19/H20		
20	グループ内変動	0.556667	7	0.079524			
21	全変動	2.849	9	0.316556			

F 値は約 14.41 になっているはずです.

手順１８

F 値を求めることができたので，この値から P 値を計算します．

分散分析における P 値とは，F 分布において F 値以上の値をとる確率です．この確率は Excel の F 分布の関数 F.DIST.RT(, ,) を使って計算できます．F.DIST.RT(, ,) の入力規則は次の通りです．

J19 セルに式「=F.DIST.RT(I19,G19,G20)」を入力します．

	E	F	G	H	I	J	K
	SUM		fx =F.DIST.RT(I19,G19,G20)				
1							
2	全体の標本サイズ		10				
3	全体の自由度		9				
4	データ全体の平均		1.49				
5	データ全体の平均からの各データの偏差平方和		2.849				
6							
7			medicine A	medicine B	medicine C	合計	
8	標本サイズ		3	3	4		
9	グループ毎の自由度		2	2	3	7	
10	グループ毎の平均		0.9	2.133333	1.45		
11	グループ毎平均と全体平均の偏差		-0.59	0.643333	-0.04		
12	グループ毎平均と全体平均の偏差の二乗		0.3481	0.413878	0.0016		
13	グループ毎平均と全体平均の偏差の二乗×標本サイズ		1.0443	1.241633	0.0064	2.292333	
14							
15	有意水準		0.05				
16							
17	分散分析表						
18	変動要因		平方和	自由度	平均平方	F値	P値	境界値
19	グループ間変動		2.292333	2	1.146167	14.41287	=F.DIST.RT(I19,G19,G20)	
20	グループ内変動		0.556667	7	0.079524			
21	全変動		2.849	9	0.316556			

P 値は約 0.003 となっているはずです．この値は有意水準 0.05 よりもかなり小さいですね．これは F 値が 14.41 という値を取る確率が有意水準を下回って，かなり低いということです．

F 値が 14.41 ということは，グループ間変動がグループ内変動の 14 倍以上あるということです．も

し，帰無仮説が正しくて，グループ間変動がグループ内変動に比べて小さいとしたときに，F 値が 14.41 という大きな値をとる確率は 0.003 しかなく，これはめったに起きないことだ，と判断できます．めったに起きないようなことが起きたのは，帰無仮説が正しいとしたからであり，従って帰無仮説は棄却すべきということになります．このことから，対立仮説が採択されることになり，治療薬 A，B，C の効果には差がある，という結論になります．

手順１９

　最後に，棄却境界値を求めておきましょう．境界値は関数 F.INV.RT(，，) を使って計算します．F.INV.RT(，，) の入力規則は次の通りです．

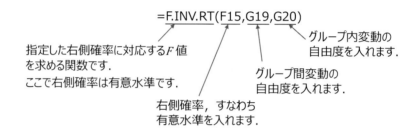

K19 セルに式「=F.INV.RT(F15,G19,G20)」を入力します．

	E		F	G	H	I	J	K	L
1									
2	全体の標本サイズ		10						
3	全体の自由度		9						
4	データ全体の平均		1.49						
5	データ全体の平均からの各データの偏差平方和		2.849						
6									
7			medicine A	medicine B	medicine C	合計			
8	標本サイズ		3	3	4				
9	グループ毎の自由度		2	2	3	7			
10	グループ毎の平均		0.9	2.133333	1.45				
11	グループ毎平均と全体平均の偏差		-0.59	0.643333	-0.04				
12	グループ毎平均と全体平均の偏差の二乗		0.3481	0.413878	0.0016				
13	グループ毎平均と全体平均の偏差の二乗×標本サイズ		1.0443	1.241633	0.0064	2.292333			
14									
15	有意水準		0.05						
16									
17	分散分析表								
18	変動要因		平方和	自由度	平均平方	F値	P値	境界値	
19	グループ間変動		2.292333	2	1.146167	14.41287	0.003297	=F.INV.RT(F15,G19,G20)	
20	グループ内変動		0.556667	7	0.079524				
21	全変動		2.849	9	0.316556				

最終的に，このような分散分析表ができあがります．

	E	F	G	H	I	J	K
1							
2	全体の標本サイズ	10					
3	全体の自由度	9					
4	データ全体の平均	1.49					
5	データ全体の平均からの各データの偏差平方和	2.849					
6							
7		medicine A	medicine B	medicine C	合計		
8	標本サイズ	3	3	4			
9	グループ毎の自由度	2	2	3	7		
10	グループ毎の平均	0.9	2.13333333	1.45			
11	グループ毎平均と全体平均の偏差	-0.59	0.64333333	-0.04			
12	グループ毎平均と全体平均の偏差の二乗	0.3481	0.41387778	0.0016			
13	グループ毎平均と全体平均の偏差の二乗×標本サイズ	1.0443	1.24163333	0.0064	2.292333333		
14							
15	有意水準	0.05					
16							
17	分散分析表						
18	変動要因	平方和	自由度	平均平方	F値	P値	境界値
19	グループ間変動	2.29233333	2	1.14616667	14.41287425	0.00329731	4.73741413
20	グループ内変動	0.55666667	7	0.07952381			
21	全変動	2.849	9	0.31655556			

棄却境界値は約 4.74 になっているはずです．F 値は 14.41 ですから，境界値よりかなり大きくなっていますね．このことからも，帰無仮説は棄却されることがわかります．

　以上は分散分析の考え方に沿ったやり方ですが，同じことは Excel の分析ツールを使ってもできます.

手順 1

　データタブからデータ分析を選び，表示されたボックスから**分散分析：一元配置**を選び，OK を押します.

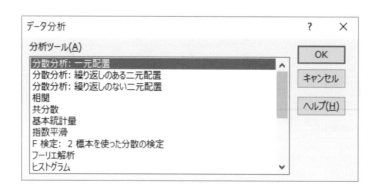

手順 2

　表示されたボックスで次のように指定していきます.

　まず，**入力範囲：**には，データの項目名も含めて，A1 セルから C5 セルまで全てのデータを指定します. A5 セルや B5 セルといった空白セルを含んでいても構いません.

　データ方向：は列のラジオボタンを指定します.

　さらに，**先頭行をラベルとして使用**にチェックを入れます.

　α には，有意水準である 0.05 を入れます.

　最後に，出力先として適当なセルを指定します. ここでは，E24 セルを指定しています.

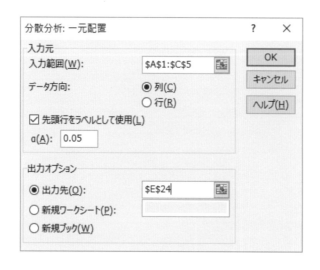

OK を押すと，次のように出力されます．

分散分析: 一元配置

概要

グループ	標本数	合計	平均	分散
medicine A	3	2.7	0.9	0.01
medicine B	3	6.4	2.13333333	0.203333333
medicine C	4	5.8	1.45	0.043333333

分散分析表

変動要因	変動	自由度	分散	観測された分散比	P-値	F 境界値
グループ間	2.29233333	2	1.14616667	14.41287425	0.00329731	4.73741413
グループ内	0.55666667	7	0.07952381			
合計	2.849	9				

　分散分析表の項目の名称や表示される項目が少し異なりますが，同じ値が出力されていることを確認してください．観測された分散比が F 値のことです．

第7章

単回帰分析

第4章から第6章では，標本データをもとに，母平均が含まれる範囲を推測する**区間推定**や，母平均や母比率に関する仮説を検証する**仮説検定**，**分散分析**について学びました．これらの手法は，既に存在している母集団を対象として，その平均などの代表値を推測したり，事前に立てた仮説を検証するために活用されます．

一方，母集団について推測したり検証した結果を用いて，まだ実現していない母集団についてその代表値を予測したいということがあります．例えば，過去の購買データから将来の売上を予測するといったことです．

本章と次章で扱う**回帰分析**は，このような予測に用いる統計手法の中でも基本的で最もよく使われるものです．本章ではまず，回帰分析の中でも基本的な**単回帰分析**について学びます．

7.1 回帰分析とは

7.1.1 因果関係

第3章で相関係数について学びましたね．12名の身長と体重の相関係数は0.630で，身長と体重の間に正の相関関係がありました．

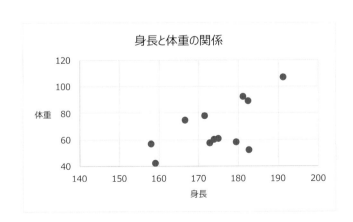

	身長 (cm)	体重 (kg)
身長 (cm)	1	
体重 (kg)	0.63004736	1

　身長と体重に限らず，私達が目にするデータには，互いに相関関係の認められるものが多くあります．それらの中には，一方が「原因」で他方がその「結果」となっていると思われるものがあります．

　例えば，下の左表はいくつかの都市について人口と都市内の通信量をまとめたものです．TB とはテラバイトの略で，インターネットや携帯電話のネットワークを通じて都市内で送信されるデータの量を表すものです．このデータはダウンロードできます．

　右側のグラフはこのデータの散布図を描いたものです．

	A	B	C
1	都市	人口 (万人)	通信量 (TB)
2	A	29	519
3	B	24	494
4	C	10	194
5	D	32	477
6	E	40	488
7	F	16	381
8	G	37	644
9	H	39	570
10	I	20	307
11	J	21	449

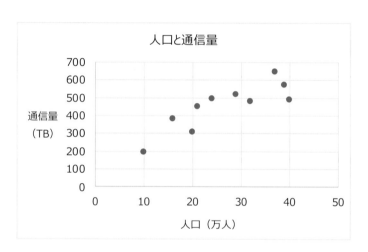

　散布図を見ると，人口の多い都市ほど通信量も多いという関係になっていることがわかります．実際，相関係数を計算してみると，約 0.847 となり，強い正の相関関係にあることがわかります．

　この人口と通信量の関係は，単に正の相関があるというだけでなく，人口が原因で通信量が結果という「因果関係」にあると考えられます．もし，1 人当りの通信量が都市間でそれほど差がなければ，人口が多いほど都市内の通信量も多くなると想定されるからです．

　そこで，それを確かめるために，まず各都市について 1 人当りの通信量を計算してみましょう．これは，通信量を人口で割り算すれば求められ，以下のようになります．例えば，都市 A の場合，D2 セルに式「=C2/B2」を入力します．

	A	B	C	D
1	都市	人口（万人）	通信量（TB）	1人当り通信量
2	A	29	519	17.9
3	B	24	494	20.6
4	C	10	194	19.4
5	D	32	477	14.9
6	E	40	488	12.2
7	F	16	381	23.8
8	G	37	644	17.4
9	H	39	570	14.6
10	I	20	307	15.4
11	J	21	449	21.4

　1 人当り通信量は，都市 E の 12.2 から都市 F の 23.8 までそれなりにバラついているように見えます．しかし，もし都市の通信量のバラつきに比べて 1 人当り通信量のバラつき度合いが小さければ，都市の通信量の違いは人口の違いによるところが大きいと言うことができます．そこで，バラつきを比較するために標準偏差を求めてみましょう．各都市について，通信量と 1 人当り通信量それぞれについて標準偏差を計算します．通信量については平均も計算します．ついでに，人口についても平均と標準偏差を計算しておきましょう．平均を計算するには，関数 AVERAGE( ) を使います．また，標準偏差を計算するには，関数 STDEV.P( ) を使います．

　計算すると，次のようになるはずです．

	A	B	C	D
1	都市	人口（万人）	通信量（TB）	1人当り通信量
2	A	29	519	17.9
3	B	24	494	20.6
4	C	10	194	19.4
5	D	32	477	14.9
6	E	40	488	12.2
7	F	16	381	23.8
8	G	37	644	17.4
9	H	39	570	14.6
10	I	20	307	15.4
11	J	21	449	21.4
12				
13	平均	26.8	452.3	17.8
14	標準偏差	9.7	123.1	3.4

　この結果を見ると，通信量の標準偏差は 1 人当り通信量よりかなり大きく，従って通信量の方が圧倒的にバラついているように思われます．しかし，通信量と 1 人当り通信量では，数値の大きさがだいぶ違います．分散や標準偏差は，元のデータの数値が大きいほど大きくなる傾向があるため，このままでは通信量のバラつき度合いと 1 人当り通信量のバラつき度合いを比較することはできません．

　そのために，標準偏差を平均で割り算してみます．これを**変動係数**といいます．変動係数は，単位の異なるデータ同士や数値の絶対値が大きく異なるデータ同士のバラつき度合いを比較するための指標です．変動係数を計算すると，次のようになります．

	A	B	C	D
1	都市	人口（万人）	通信量（TB）	1人当り通信量
2	A	29	519	17.9
3	B	24	494	20.6
4	C	10	194	19.4
5	D	32	477	14.9
6	E	40	488	12.2
7	F	16	381	23.8
8	G	37	644	17.4
9	H	39	570	14.6
10	I	20	307	15.4
11	J	21	449	21.4
12				
13	平均	26.8	452.3	17.8
14	標準偏差	9.7	123.1	3.4
15	変動係数	0.363	0.272	0.191

　変動係数を比較しても，通信量の方が 1 人当り通信量より大きくなっていますね．ちなみに，一番バラつきが大きいのは人口です．このことから，都市による通信量の違いは主に人口の違いによるものだと言うことができそうです．このことを，人口と通信量には因果関係があると言います．

　さて，2 つのデータの間に因果関係があるとするならば，原因となるデータの値を決めれば，それに対応して結果となるデータの値を予測できそうです．例えば，この例では人口が 35 万人の都市はありませんが，もし 35 万人の人口の都市があったとすれば通信量がどれくらいになるかを予測できるでしょう．では，実際にどうしたら予測できるのでしょうか．

　このような予測をするのに用いる手法が**回帰分析**と呼ばれるものです．

　回帰分析とは，原因となるデータと結果となるデータの間の関係を直線で表すための方法です．具体的には，人口と通信量の関係を次のように直線で表すということです．

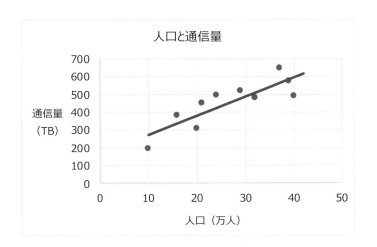

　この直線はデータに最もよく当てはまるものであって欲しいですね．当てはまりが悪ければ，予測も正しくできません．

　でも，「当てはまりがよい」とは具体的にはどういうことでしょうか．また，当てはまりの良い直線はどのようにしたら求められるのでしょうか．次の節では，回帰分析によってどのようにして当てはまりのよい直線を求めるのか説明します．

7.1.2 　回帰分析の考え方

　はじめに，用語を定義します．回帰分析では原因となるデータのことを**説明変数**，結果となるデータのことを**目的変数**といいます．この例では，人口が説明変数，通信量が目的変数になります．

　さて，回帰分析は説明変数と目的変数の関係を直線で表す手法です．直線は，式で表すと次のようになりますね．

$$Y = \alpha + \beta X$$

（日本語で書くと）　目的変数の値 ＝ 切片 ＋ 傾き × 説明変数の値

ここで，Y が目的変数，X が説明変数です．そして，α（アルファと読みます）は**切片**，β（ベータと読みます）は**傾き**といいます．切片は，説明変数 X の値が 0 のときの目的変数 Y の値を表します．傾きは，X が 1 増えるときに Y が増える大きさです．

　回帰分析では，この直線の式を**回帰式**といいます．また，この直線のことを**回帰直線**といいます．

　いま，説明変数と目的変数のデータはありますから，直線として表すために必要なのは切片と係数です．回帰分析では，**最小二乗法**という方法を用いて，回帰直線がデータに最も当てはまりがよくなるように切片と係数を求めます．次に，最小二乗法の基本的な考え方について説明します．

　別の例で考えます．いま，次のように散布図上に回帰直線を引けたとします．5 つの黒い点はデータを表しています．

　一般に，散布図を描いたときに，データを表す点が一直線上に並ぶことはありません．従って，どのような回帰直線であっても，それぞれのデータとの間に必ず**誤差**が存在します．

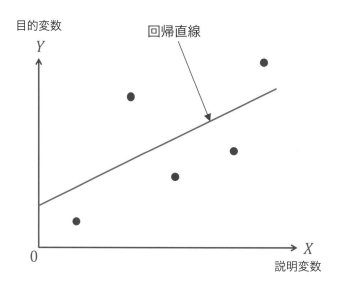

　次に，この散布図の上で，各データを表す黒い点を通る垂直線（Y 軸に平行な線）を引き，その垂直線が回帰直線と交わるところに白抜きの点を打ちます．黒い点と白抜きの点とは，X 軸の値は同じで，Y 軸の値が異なっています．その Y 軸方向の差が誤差です．これらの誤差の大きさを，それぞれ d_1, d_2, d_3, d_4, d_5 とします．

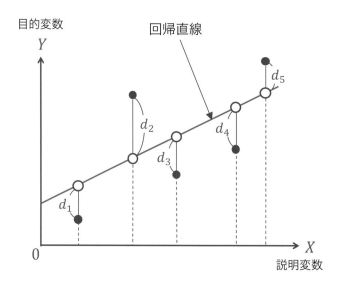

　さらに，これらの誤差をそれぞれ 2 乗したものを考えます．誤差を 2 乗したものは，図に示したように 1 辺が誤差の大きさとなるような正方形の面積になります．

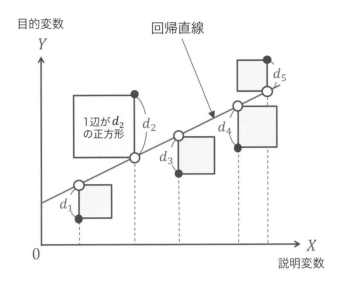

　最小二乗法とは，これらの正方形の面積を合計した値が最も小さくなるように切片 α と傾き β を求める方法です．切片や傾きを変えると直線の位置が変わり，ある正方形は大きくなり，別の正方形は小さくなるということが生じます．そうやって色々な切片と傾きの中で，全ての正方形の面積の合計が最小になるような切片と傾きが求められれば，それが最も当てはまりのよい直線，つまり回帰直線となるわけです．正方形の面積の合計が最小というのは，誤差の大きさの合計が最小ということです．つまり，「当てはまりが良い」とは誤差の大きさの合計が最小である，ということです．

7.2　回帰分析の実行

7.2.1　Excel の関数を使う方法

　それでは，実際に回帰分析を行ってみましょう．最初に，Excel 関数を使って，回帰直線の切片と傾きを求めてみます．

手順 1

A17 セル，A18 セルにそれぞれ次のように入力します.

	A	B	C	D
1	都市	人口（万人）	通信量（TB）	1人当り通信量
2	A	29	519	17.9
3	B	24	494	20.6
4	C	10	194	19.4
5	D	32	477	14.9
6	E	40	488	12.2
7	F	16	381	23.8
8	G	37	644	17.4
9	H	39	570	14.6
10	I	20	307	15.4
11	J	21	449	21.4
12				
13	平均	26.8	452.3	17.8
14	標準偏差	9.7	123.1	3.4
15	変動係数	0.363	0.272	0.191
16				
17	切片			
18	傾き			

手順 2

　切片を求めます．切片は Excel の関数 INTERCEPT(,) を使って計算することができます．
INTERCEPT(,) の入力規則は次のとおりです.

=INTERCEPT(C2:C11,B2:B11)

切片を求める　　　目的変数 Y のデータ　　説明変数 X のデータ
関数です．　　　　を入力します.　　　　　を入力します.

　B17 セルに式「=INTERCEPT(C2:C11,B2:B11)」を入力します.

	A	B	C	
1	都市	人口（万人）	通信量（TB）	1人当り通信量
2	A	29	519	17.9
3	B	24	494	20.6
4	C	10	194	19.4
5	D	32	477	14.9
6	E	40	488	12.2
7	F	16	381	23.8
8	G	37	644	17.4
9	H	39	570	14.6
10	I	20	307	15.4
11	J	21	449	21.4
12				
13	平均	26.8	452.3	17.8
14	標準偏差	9.7	123.1	3.4
15	変動係数	0.363	0.272	0.191
16				
17	切片	=INTERCEPT(C2:C11,B2:B11)		
18	傾き			

数式バー: =INTERCEPT(C2:C11,B2:B11)
INTERCEPT(既知のy, 既知のx)

切片は約 164.98 になっているはずです.

手順 3

次に，傾きを求めます．傾きは Excel の関数 SLOPE(,) を使って計算することができます．
SLOPE(,) の入力規則は次のとおりです．

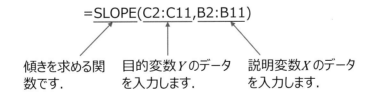

=SLOPE(C2:C11,B2:B11)

傾きを求める関　目的変数 Y のデータ　説明変数 X のデータ
数です．　　　　を入力します．　　　を入力します．

B18 セルに式「=SLOPE(C2:C11,B2:B11)」を入力します．

| SUM | ▾ | : | ✕ | ✓ | ƒx | =SLOPE(C2:C11,B2:B11) |

▲	A	B	C	SLOPE(既知のy, 既知のx)
1	都市	人口（万人）	通信量（TB）	1人当り通信量
2	A	29	519	17.9
3	B	24	494	20.6
4	C	10	194	19.4
5	D	32	477	14.9
6	E	40	488	12.2
7	F	16	381	23.8
8	G	37	644	17.4
9	H	39	570	14.6
10	I	20	307	15.4
11	J	21	449	21.4
12				
13	平均	26.8	452.3	17.8
14	標準偏差	9.7	123.1	3.4
15	変動係数	0.363	0.272	0.191
16				
17	切片	164.9822		
18	傾き	=SLOPE(C2:C11,B2:B11)		

傾きは約 10.72 となっているはずです.

こうして求めた切片と傾きは，図で表すと次のようになります.

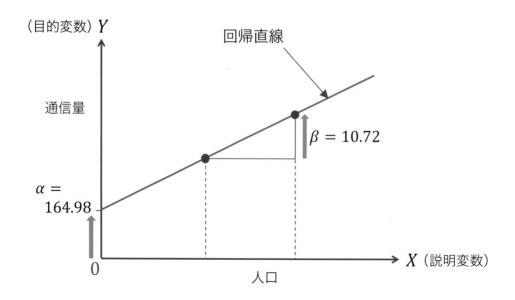

この回帰直線の式（回帰式）は，次のようになります．

$$Y = 164.98 + 10.72 \times X$$

では，この式を使って，通信量の予測値を計算してみましょう．

手順4

A20 セル，B20 セルおよび C20 セルに次のように入力します．

	A	B	C	D
1	都市	人口（万人）	通信量（TB）	1人当り通信量
2	A	29	519	17.9
3	B	24	494	20.6
4	C	10	194	19.4
5	D	32	477	14.9
6	E	40	488	12.2
7	F	16	381	23.8
8	G	37	644	17.4
9	H	39	570	14.6
10	I	20	307	15.4
11	J	21	449	21.4
12				
13	平均	26.8	452.3	17.8
14	標準偏差	9.7	123.1	3.4
15	変動係数	0.363	0.272	0.191
16				
17	切片	164.9822335		
18	傾き	10.72081218		
19				
20	予測式	人口（万人）	予測通信量	

手順 5

　B21 セルに説明変数（人口）の値 35 を入力し，C21 セルに回帰式の右辺「=$B$17+$B$18*B21」を入力します．

SUM	▼	⋮	× ✓ *fx*	=$B$17+$B$18*B21	

◢	A	B	C	D
1	都市	人口（万人）	通信量（TB）	1人当り通信量
2	A	29	519	17.9
3	B	24	494	20.6
4	C	10	194	19.4
5	D	32	477	14.9
6	E	40	488	12.2
7	F	16	381	23.8
8	G	37	644	17.4
9	H	39	570	14.6
10	I	20	307	15.4
11	J	21	449	21.4
12				
13	平均	26.8	452.3	17.8
14	標準偏差	9.7	123.1	3.4
15	変動係数	0.363	0.272	0.191
16				
17	切片	164.9822		
18	傾き	10.72081		
19				
20	予測式	人口（万人）	予測通信量	
21		35	=$B$17+$B$18*B21	

　予測通信量は約 540.2 になったはずです．人口の値を変えれば，それに対応した予測通信量をすぐに計算することができます．

　それでは，人口がデータと同じ値のときの通信量の予測値を計算してみましょう．

手順 6

E1 セルに次のように入力します.

	A	B	C	D	E
1	都市	人口（万人）	通信量（TB）	1人当り通信量	予測通信量
2	A	29	519	17.9	
3	B	24	494	20.6	
4	C	10	194	19.4	
5	D	32	477	14.9	
6	E	40	488	12.2	
7	F	16	381	23.8	
8	G	37	644	17.4	
9	H	39	570	14.6	
10	I	20	307	15.4	
11	J	21	449	21.4	
12					
13	平均	26.8	452.3	17.8	
14	標準偏差	9.7	123.1	3.4	
15	変動係数	0.363	0.272	0.191	
16					
17	切片	164.9822335			
18	傾き	10.72081218			
19					
20	予測式	人口（万人）	予測通信量		
21		35	540		

手順 7

　E2 セルに，人口が B2 セルの値のときの予測通信量を計算する式「=$B$17+$B$18*B2」を入力します.

		fx	=$B$17+$B$18*B2		
SUM		✕ ✓			

	A	B	C	D	E	F
1	都市	人口（万人）	通信量（TB）	1人当り通信量	予測通信量	
2	A	29	519	17.9	=$B$17+$B$18*B2	
3	B	24	494	20.6		
4	C	10	194	19.4		
5	D	32	477	14.9		
6	E	40	488	12.2		
7	F	16	381	23.8		
8	G	37	644	17.4		
9	H	39	570	14.6		
10	I	20	307	15.4		
11	J	21	449	21.4		
12						
13	平均	26.8	452.3	17.8		
14	標準偏差	9.7	123.1	3.4		
15	変動係数	0.363	0.272	0.191		
16						
17	切片	164.9822				
18	傾き	10.72081				
19						
20	予測式	人口（万人）	予測通信量			
21		35	540			

　E3 セル以下にも同様の式を入力すると，次のように予測通信量を計算できます.

	A	B	C	D	E
1	都市	人口（万人）	通信量（TB）	1人当り通信量	予測通信量
2	A	29	519	17.9	475.9
3	B	24	494	20.6	422.3
4	C	10	194	19.4	272.2
5	D	32	477	14.9	508.0
6	E	40	488	12.2	593.8
7	F	16	381	23.8	336.5
8	G	37	644	17.4	561.7
9	H	39	570	14.6	583.1
10	I	20	307	15.4	379.4
11	J	21	449	21.4	390.1
12					
13	平均	26.8	452.3	17.8	
14	標準偏差	9.7	123.1	3.4	
15	変動係数	0.363	0.272	0.191	
16					
17	切片	164.9822335			
18	傾き	10.72081218			
19					
20	予測式	人口（万人）	予測通信量		
21		35	540		

　さて，このようにして回帰直線の式（回帰式）を求めることはできました．この回帰直線が元のデータに最も良く当てはまる直線ということになります．

　しかし，この当てはまりが良い直線というのは，様々な直線の候補を当てはめてみたときに，誤差の大きさの合計が最小になっている直線のことです．いくら最小とは言っても，誤差があまりにも大きければ予測には使えません．

　当てはまりの良し悪しを判断するためには，いくつかの指標があります．これについては後で説明するとして，まずは本当に当てはまっているのかを目視で確認してみましょう．

　そのために，最初に作った散布図の上に，今求めた回帰直線を重ね合わせてみましょう．散布図を選択し，タブメニューからグラフツールのデザインの中のデータの選択を選びます．すると，次のようなボックスが表示されます．

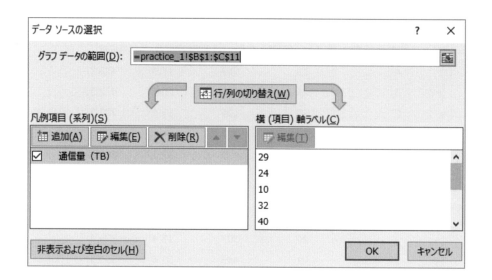

　左側の凡例項目（系列）の追加を押します．すると，新しいデータ系列を追加するためのボックスが現れるので，系列 X の値に B2〜B11 セルを指定します．

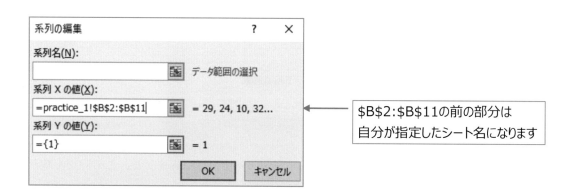

$B$2:$B$11の前の部分は
自分が指定したシート名になります

　続けて，系列 Y の値に E2〜E11 セルを指定します．これは，先ほど計算して求めた予測通信量です．

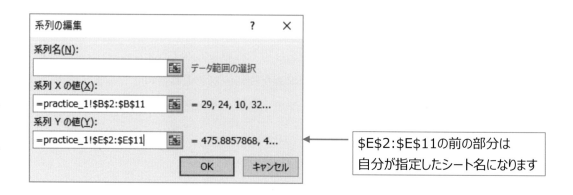

$E$2:$E$11の前の部分は
自分が指定したシート名になります

　OK を押すと，次のように新たなデータ系列が追加されています（追加される系列の名前や番号は，こ

れとは異なる場合があります）.

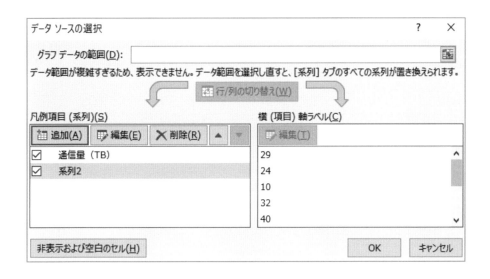

OK を押すと，次のように散布図の中に回帰直線を重ねることができます[*1].

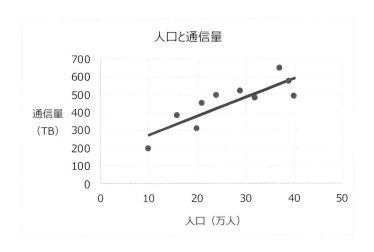

このグラフを見る限りでは，回帰直線の当てはまりは悪くはなさそうに見えますね.

7.2.2　Excel の分析ツールを使う方法

　回帰分析はデータ分析ツールを使うと，もっと簡単にできる上に，前述した，回帰直線の当てはまりの良さを評価する指標も出力されるので便利です．では，分析ツールを使って，もう一度回帰直線を求めてみましょう.

[*1] 散布図に回帰直線を描くだけなら，グラフツールのデザインの中の**グラフ要素を追加**を選び，さらにその中から**近似曲線**，**線形予測**と順に選択していくことでできます．ここでは，回帰式から予測値を計算し，それを散布図に重ねるというプロセスを理解するために，このような手順で行っています.

手順 1

　データタブから**データ分析**を選択すると，次のボックスが表示されます．その中から**回帰分析**を選択して OK を押します．

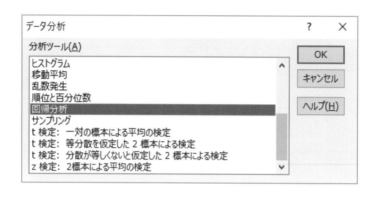

手順 2

　次のボックスが表示されるので，順に指定していきます．

　入力 Y 範囲：には，目的変数のデータを指定します．C 列の 1 行目の項目名も含めた範囲 C1 セル〜C11 セルを入力します．

　入力 X 範囲：には，説明変数のデータを指定します．B 列の 1 行目の項目名も含めた範囲 B1 セル〜B11 セルを入力します．

　目的変数と説明変数の項目名をデータの範囲に含めているので，**ラベル**にチェックをしておきます．

　有意水準にチェックを入れ，% 単位で指定します．ここでは，95% とします．仮説検定では有意水準は 0.05% としましたが，この回帰分析のツールでは 1 から 0.05% を引いた 95% とします．これは，検定や区間推定，分散分析に用いられます．

　これで基本的な設定は終わったので，結果の出力先を指定します．**一覧の出力先**：に任意のセルを入力します．ここでは，G20 セルにしています．

　入力が終了したら OK を押します．

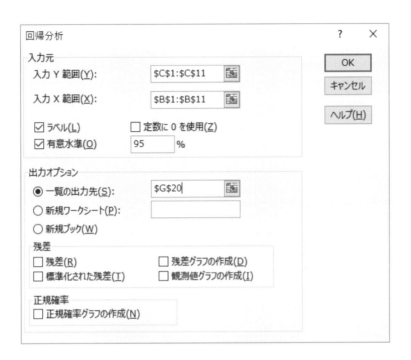

すると，次のように出力されます．

概要

回帰統計	
重相関 R	0.84670412
重決定 R2	0.71690788
補正 R2	0.68152136
標準誤差	73.243425
観測数	10

分散分析表

	自由度	変動	分散	観測された分散比	有意 F
回帰	1	108683.306	108683.306	20.259352	0.00199934
残差	8	42916.7944	5364.5993		
合計	9	151600.1			

	係数	標準誤差	t	P-値	下限 95%	上限 95%	下限 95.0%	上限 95.0%
切片	164.982234	67.9057828	2.42957561	0.04122953	8.39121754	321.573249	8.39121754	321.573249
人口（万人）	10.7208122	2.38185277	4.50103899	0.00199934	5.22824985	16.2133745	5.22824985	16.2133745

　色々な項目が出力されていますね．チェックすべき項目は，①〜⑧の番号を付した項目です．これら
について順に見ていきましょう．

概要

回帰統計	
❸ 重相関 R	0.84670412
❷ 重決定 R2	0.71690788
補正 R2	0.68152136
❹ 標準誤差	73.243425
観測数	10

❺ 分散分析表

	自由度	変動	分散	観測された分散比	有意 F
回帰	1	108683.306	108683.306	20.259352	0.00199934
残差	8	42916.7944	5364.5993		
合計	9	151600.1			

	係数	標準誤差	t	P-値	下限 95%	上限 95%	下限 95.0%	上限 95.0%
切片	164.982234	67.9057828	2.42957561	0.041229531	8.39121754	321.573249	8.39121754	321.573249
人口（万人）	10.7208122	2.38185277	4.50103899	0.001999344	5.22824985	16.2133745	5.22824985	16.2133745

❶　　　　　　　　　　　　　❻　　　　　　　❼　　　　　　❽

①（回帰）係数

　最初に見るべき項目は，一番下の方の①の（回帰）係数です．先ほど計算した切片と傾きの値が表示
されています．「切片」の行の係数は，文字通り切片を表し，「人口（万人）」の行の係数は，説明変数
（X）である人口（万人）についての傾きです．Excel の回帰分析のツールでは，このような形式で表さ
れます．

② 重決定 R2

　次は②の**重決定 R2** です．重決定 R2 というのは Excel 特有の表現で，正式には**決定係数**といいま
す．R2 の 2 は 2 乗のことで，つまり R^2 です．R は相関係数の意味です．
　決定係数 R^2 は，⑤の分散分析表から次のようにして求められます．

$$決定係数\ R^2 = \frac{回帰の変動}{合計の変動}$$

　⑤の分散分析表は，第 6 章で学んだものと同じ，一元配置の分散分析表です．⑤における**回帰の変動**
は第 6 章でグループ間変動と呼んでいたものに対応し，**残差の変動**はグループ内変動に対応，**合計の変
動**は全変動に対応しています．

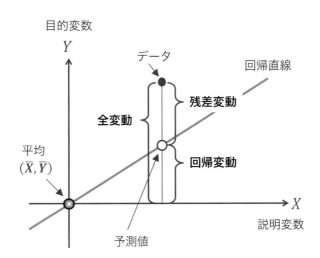

　⑤の合計の変動は目的変数 Y のデータの変動を意味しており，回帰の変動とは回帰式から予測される目的変数の値の変動を意味します．また，残差の変動は，前に説明した回帰直線とデータの誤差の変動を意味します．

　上の式で表される決定係数は，目的変数のデータの全変動のうち回帰式で説明できる変動の割合のことです．決定係数が高いほど，回帰式で説明できる割合が高いことになり，回帰直線の当てはまりが良いことになります．

　合計の変動と回帰の変動，及び残差の変動の間には，

$$合計の変動 = 回帰の変動 + 残差の変動$$

という関係があります（第 6 章に登場した，全変動，グループ間変動，グループ内変動の関係と同じです）．従って，決定係数が高いということは残差の変動の割合が低い，つまり誤差の割合が低いということを意味します．

③ 重相関 R

　決定係数がどれくらいであれば回帰直線の当てはまりが良いと言えるのでしょうか．これを考えるために，③の**重相関 R** の値を見てみましょう．実は，重相関 R を 2 乗したものが決定係数 R^2 になっています．重相関 R は回帰式から計算できる目的変数の値と元のデータとの相関関係を表しています．第 4 章に登場した相関係数と同じものですが，相関係数の絶対値をとったものです．第 4 章では相関係数の目安として絶対値が 0.7 以上は強い相関であるとしていました．0.7 を 2 乗すると約 0.5 ですから，決定係数が 0.5 以上であれば当てはまりは良いと言えます．

④ 標準誤差

　④の**標準誤差**は，⑤の分散分析表における残差の分散の平方根（$\sqrt{\ }$）を計算したものです．回帰直線

からデータがどれくらい離れているかを示すもので，この値が小さいほど誤差が小さいことを意味します．

⑤ 分散分析表

⑤の分散分析表は，上で説明したとおり，第 6 章に登場した分散分析表と同じものです．**有意 F** が P 値を表しています．この値は有意水準の 0.05 より小さいですから，帰無仮説は棄却されます．回帰直線の分散分析における帰無仮説は，

帰無仮説：決定係数は 0 である

というものです．この意味は，データの目的変数の変動は回帰式で全く説明できないということです．

⑥ t

⑥は切片と傾きそれぞれについて t 分布を用いた仮説検定を行った結果の t 値です．これは，区間推定や仮説検定のときに登場した t 値と同じもので，その分布は t 分布になります．

この t 値は，切片と人口（万人）の係数（①の数値です）をその隣の**標準誤差**で割り算して求めたものです．この標準誤差の計算はやや煩雑なので，ここでは説明は省略します．

注意 7.1

①のとなりの標準誤差の意味は次のとおりです：

切片と傾きの値（①の数値）は，たまたま得られた一つの標本から計算したものです．もし，都市 A 〜J の人口と通信量についていくつもの標本が得られたとして（例えば，毎月の人口と通信量のデータが得られたとして），それぞれの標本について切片と傾きを求めると，恐らく異なる数値になると思われます．つまり，切片と傾きはバラつく，すなわち分布するわけです．標準誤差とは，この切片と傾きのバラつきの度合いを表すものです．

⑦ P-値

これは仮説検定に登場した P 値と同じで，⑥の t 値から求められます．この値が有意水準の 0.05 より小さければ，帰無仮説が棄却されます．ここで，帰無仮説は

帰無仮説：切片，傾きの値は 0 である

というものです．

もし，この帰無仮説を棄却できなければ，目的変数（Y）と説明変数（X）の間には何も関係がない，ということになるので，回帰分析に意味がないことになります．

⑧ 下限 95%，上限 95%

これは，切片と傾きの区間推定の結果です．信頼係数を 95% としたときの，信頼区間の下限と上限を示しています．

注意 7.1 で説明したように，①の切片と傾きの値はたまたま得られた標本から計算したものです．標本が異なれば切片と傾きの値も異なりますが，しかし，どこかに真の切片と傾きがあるはずです．この区間推定は，95% の確率で真の切片と傾きが入っている範囲を計算したものです．

この区間推定の結果を見たときに，もし傾きの値の符号（プラスかマイナスか）が下限と上限とで異なっていたら，この回帰分析の結果の解釈は難しくなります（恐らく，この結果をそのまま使うのは難しくなります）．

以上がチェックすべき重要なポイントです．大事なことは，①の切片や傾きを無条件に採用するのでなく，②の決定係数や⑦の P 値を確認して，①の値が使えるものかどうかを確認することです．確認できて初めて①の値を使って予測ができるのです．

① 係数	「切片」の行の係数は，文字通り**切片**を表し，「人口（万人）」の行の係数は，説明変数（X）である人口（万人）についての**傾き**を表す．
② 重決定 R2	正式には**決定係数**という．分散分析表の「回帰の変動」を「合計の変動」で割り算した値．目的変数のデータの全変動のうち回帰式で説明できる変動の割合のこと．決定係数が高いほど回帰式で説明できる割合が高いことになり，回帰直線の当てはまりが良い．
③ 重相関 R	回帰式から計算できる目的変数の値と元のデータとの相関関係を表す．相関係数の絶対値をとったもの．重決定 R2（決定係数）の平方根が重相関 R（逆に言えば，重相関 R を 2 乗したものが重決定 R2）．
④ 標準誤差	回帰直線からデータがどれくらい離れているかを示すもので，この値が小さいほど誤差が小さいことを意味する．分散分析表における残差の分散の平方根（√）となる．
⑤ 分散分析表	第 6 章に登場した分散分析表と同じもの．有意 F が P 値で，有意水準より小さければ，帰無仮説は棄却される．回帰直線の分散分析における帰無仮説は，「決定係数は 0 である」 となる．
⑥ t	切片と傾きそれぞれについて t 分布を用いた仮説検定を行った結果の t 値．仮説検定のときに登場した t 値と同じもので，その分布は t 分布に従う．
⑦ P-値	仮説検定に登場した P 値と同じで，⑥の t 値から求められる．この値が有意水準より小さければ，帰無仮説が棄却される．帰無仮説は「切片，傾きの値は 0 である」となる．
⑧ 下限 95 %，上限 95 %	切片と傾きについて，信頼係数を 95% としたときの，信頼区間の下限と上限を示す．

7.3　質的データ（カテゴリーデータ）を含む回帰分析

　本節では，説明変数が質的データ（カテゴリーデータ）である場合の回帰分析を扱います．はじめに，データの尺度水準について説明します．

7.3.1　質的データ（カテゴリーデータ）とは　～データの尺度水準

　前節では，目的変数が「通信量（TB）」，説明変数が「人口（万人）」の例で回帰分析を行いました．人口のように，その数値の絶対的な大きさに意味があり，数値同士の引き算や割り算ができるようなデータを比率尺度といいます．

　この比率尺度を含めて，データには尺度水準と呼ばれる種類が 4 つあります．1 つ目は名義尺度と呼ばれるもので，性別や曜日などのように，数えられないデータです．性別で男性を 1，女性を 2 と表すことがありますが，この 1 や 2 という数値には数量としての意味はなく，単に区別するために付けた名前としての意味しかありません．

　2 つ目は順序尺度と呼ばれるものです．顧客満足度のように，不満から満足までを何段階かに分けて順番を付けたもののように，順序には意味があるが数値の絶対的な大きさには意味のないデータのことです．

　3 つ目は間隔尺度と呼ばれるものです．時刻や気温のように，数値の大きさに意味があり，数値同士の差を求めることができる（引き算できる）データです．ただし，数値同士の比の計算（割り算）はできません．例えば，3 時と 4 時の差は 1 時間，7 時と 9 時の差は 2 時間というように，差には意味がありますが，7 時 ÷ 9 時 という計算には意味がありません．

　そして，4 つ目が比率尺度です．重さや長さ，面積，金額などのように，数値の絶対的な大きさに意味があり，数値同士の差と比にも意味があるデータです．

　これらの尺度水準のうち，名義尺度と順序尺度を質的データといい，間隔尺度と比率尺度を量的データといいます．質的データはカテゴリーデータと呼ばれることもあります．

種類		説明	例
質的データ	名義尺度	・数字は選択肢を区別するための単なる記号 ・数字の絶対的な大きさに意味はなく，数字同士の引き算はできない	性別，天候，曜日，都道府県，有無
	順序尺度	・数字の順序や大小関係には意味がある ・数字の絶対的な大きさに意味はなく，数字同士の引き算はできない	順位，満足度
量的データ	間隔尺度	・数字の目盛の間隔は等しく，数字の差には意味があるが，比率には意味がない． ・数字同士の割り算はできない	時刻，気温，西暦，年号
	比率尺度	・数字の大きさそのものに意味があり，絶対的なゼロ点がある． ・引き算だけでなく，割り算もできる	重さ（体重等），長さ（身長等），面積，体積，速度，金額，人数

7.3.2 質的データの数量化

説明変数が質的データであっても回帰分析を行うことができます．ただし，質的データをそのまま使うことはできません．回帰分析は量的データでなければできないからです．

そこで，質的データに対して**数量化**という処理を行います．この処理は，実は今までも何度か行ってきました．

以下は，第5章（検定）に出てきたダイエットプログラム受講者のデータです．B列の `gender` には，男性や女性という日本語が入力されています．これは名義尺度であり質的データです．C列の `gender_type` は，これを「男性 $=1$，女性 $=0$」と変換しています．これが数量化という処理です．

	A	B	C	D	E	F
1	menber_id	gender	gender_type	BMI_before	BMI_after	BMI_diff
2	K0001	男性	1	31.4	30.8	0.6
3	K0002	男性	1	33.1	33.8	-0.7
4	K0003	女性	0	33.2	30.6	2.6
5	K0004	男性	1	30.4	31.5	-1.1
6	K0005	男性	1	29.7	28.6	1.1
7	K0006	男性	1	26.6	26.7	-0.1
8	K0007	女性	0	33.0	30.2	2.8
9	K0008	女性	0	34.6	31.1	3.5
10	K0009	女性	0	35.5	31.3	4.2
11	K0010	女性	0	32.8	30.5	2.3

数量化は次のように行います．

まず，その質的データが取りうる全ての値を新たな変数として設定します．例えば，性別という質的データの場合，とり得る値は「男性」と「女性」の2つあるので，これらを新たな変数とします．

次に，個々のデータがそれぞれの変数に当てはまれば1を，当てはまらなければ0を入力します．こうすることで数量化できます．

この「男性」や「女性」という変数のように，当てはまれば1，当てはまらなければ0という数値をとる変数のことを**ダミー変数**といいます．

性別の場合，次のように男性を意味する `male` と女性を意味する `female` というダミー変数を作り，各会員について，男性会員なら `male` には1を `female` には0を，女性会員なら `male` には0を `female` には1を入力します．

	A	B	C	D
1	menber_id	gender	male	female
2	K0001	男性	1	0
3	K0002	男性	1	0
4	K0003	女性	0	1
5	K0004	男性	1	0
6	K0005	男性	1	0
7	K0006	男性	1	0
8	K0007	女性	0	1
9	K0008	女性	0	1
10	K0009	女性	0	1
11	K0010	女性	0	1

　質的データを説明変数とする回帰分析は，今作ったダミー変数を説明変数にして行うことができます．

　ただし，実はダミー変数を全て使う必要はありません．今の例では，会員の性別は男性か女性のいずれかしかありませんから，例えば male だけを使うことにした場合，male の値が 1 なら男性，0 なら女性ということがわかるので，female という変数は必要ありません．そこで，ダミー変数の名称を gender_type として，男性なら 1，女性なら 0 とすることで，回帰分析ができるようになるわけです．

7.3.3　質的データを含む回帰分析の実行

　それでは，ダイエットプログラム受講者のデータを使って回帰分析を行ってみましょう．回帰分析の目的は，性別が異なるときにダイエット効果がどれだけ異なるのかを推計することです．目的変数はダイエット効果を表す BMI の変化量（量的データ）で，説明変数は性別（質的データ）です．

手順 1

　必要なデータ項目は `gender_type` と `BMI_diff` だけなので，この 2 項目と `menber_id` を別のシートにコピーして新しいデータテーブルを作成します．

	A	B	C
1	menber_id	gender_type	BMI_diff
2	K0001	1	0.6
3	K0002	1	-0.7
4	K0003	0	2.6
5	K0004	1	-1.1
6	K0005	1	1.1
7	K0006	1	-0.1
8	K0007	0	2.8
9	K0008	0	3.5
10	K0009	0	4.2
11	K0010	0	2.3

手順 2

　データタブのデータ分析ツールから回帰分析を選択します．設定用のボックスが表示されるので，次のように入力します．

　入力 Y 範囲：に目的変数である `BMI_diff` の列を指定します．C1 セルの項目名も範囲に含めます．

　入力 X 範囲：に説明変数である `gender_type` の列を指定します．こちらも，項目名を範囲に含めます．

　ラベルにチェックを入れます．

　有意水準にチェックを入れます．有意水準は 95% のままにしておきます．

　最後に，一覧の出力先：に出力したい箇所のセル名を入力します．ここでは，E2 セルとします．

　ここまで入力できたら，OK を押します．

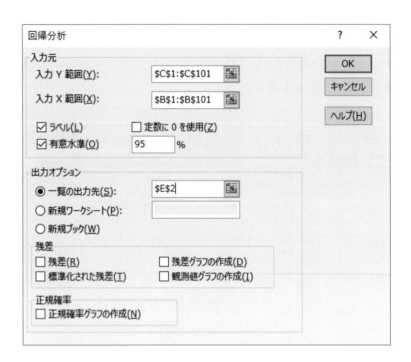

すると，次のように結果が出力されます.

概要

回帰統計	
重相関 R	0.79507177
重決定 R2	0.63213913
補正 R2	0.62838544
標準誤差	1.10097377
観測数	100

分散分析表

	自由度	変動	分散	観測された分散比	有意 F
回帰	1	204.131062	204.131062	168.4050654	5.258E-23
残差	98	118.790038	1.21214324		
合計	99	322.9211			

	係数	標準誤差	t	P-値	下限 95%	上限 95%	下限 95.0%	上限 95.0%
切片	3.27540984	0.14096525	23.2355841	1.19704E-41	2.99566889	3.55515078	2.99566889	3.55515078
gender_type	-2.929256	0.22572505	-12.977098	5.25795E-23	-3.3772	-2.481312	-3.3772	-2.481312

では，この結果を解釈してみましょう．まず，切片と gender_type の係数を見てみます．

切片の値というのは説明変数の値が 0 のときの目的変数の値ですね．この例の説明変数である gender_type の値が 0 というのは，女性であるということです．つまり，この切片の値 3.28 は女性のダイエット効果を表しています．第 5 章の 5.3 で検定を行う際に計算した標本平均の部分を見てください．女性会員の平均と切片の値が一致していることがわかります．

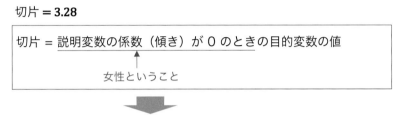

一方，gender_type の係数である傾きは，説明変数が 1 増加するときの目的変数の変化量を表します．gender_type が 0 の状態から 1 増えると男性になります．つまり，この傾きの値 −2.93 は女性のダイエット効果を基準としたとき，男性のダイエット効果がどれだけ異なるのかを表しています．切片が 3.28 で傾きが −2.93 ですから，男性のダイエット効果は 0.35 となります．これも，第 5 章 5.3 で行った検定で計算した男性の標本平均と一致していることを確認してください．

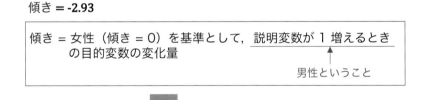

決定係数は比較的高い数値になっており，分散分析表の有意 F は有意水準の 0.05 をかなり下回っていますから，この回帰分析の結果は使えそうです．

さらに，説明変数 gender_type の t 値を見てみましょう．この値は，第 5 章 5.3 の検定結果の t 値と絶対値が一致しています．ただし，検定のときは女性の標本平均から男性の標本平均を引き算したので値がプラスになったのに対し，この回帰分析では男性の標本平均から女性の標本平均を引き算した値が傾きの数値になっていて，それを基に t 値が計算されるためマイナスになっています．t 分布は左右対称ですから，t 値の絶対値が同じなら t 分布から計算される P 値も同じになります．つまり，仮説検定で計算していた t 値は，この回帰分析の傾きの t 値だったわけです．

P 値は，切片も gender_type も有意水準を下回っていますから，問題ありませんね．

　　最後に，**下限 95%** と**上限 95%** を確認しましょう．切片の下限と上限は，女性のダイエット効果の信頼区間を表しています．女性会員全体（母集団）のダイエット効果の平均は，95% の確率で 3.00〜3.56 の間にある，と言えます．一方，gender_type すなわち傾きの信頼区間は −3.38〜−2.48 です．従って，切片と傾きの信頼区間を合わせると，男性会員全体（母集団）のダイエット効果の平均はマイナスになる可能性もあると言えます．

　　以上を図示すると次のようになります．

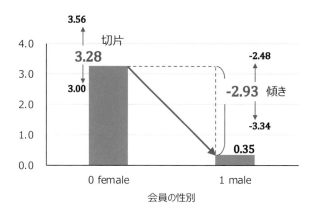

第 8 章

重回帰分析

前章では，説明変数は 1 つだけでした．しかし，現実の問題に取り組む場合，説明変数が 1 つだけということはほとんどありません．説明変数が 2 つ以上ある回帰分析を**重回帰分析**といいます．本章では，重回帰分析を学びます．

8.1 重回帰分析とは

私たちが現実の問題に取り組むとき，注目しているある項目（目的変数）に影響を与えていると考えられる要因（説明変数）はいくつもあります．説明変数が 2 つ以上ある場合に，目的変数と説明変数の関係を分析するためには**重回帰分析**という手法を使います．重回帰分析は，単回帰分析における説明変数を増やしたものであり，基本的な原理は単回帰分析と同じです．

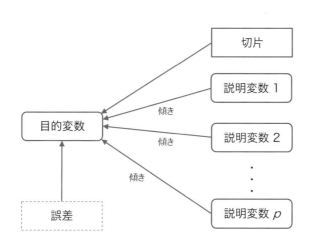

重回帰分析を行うと，目的関数は切片と，各説明変数にそれぞれの傾きを乗じたものとを加えた回帰式として表されます．

目的変数 ＝ 切片 ＋ [傾き **1** × 説明変数 **1**] ＋ [傾き **2** × 説明変数 **2**] ＋ ・・・ ＋ [傾き **p** × 説明変数 **p**]

単回帰分析の場合は，回帰式は直線（回帰直線）を表していましたが，重回帰分析の場合は面になりま

す．例えば，説明変数が 2 つなら回帰式は立体における面になります．

　重回帰分析でも，切片や傾きは回帰直線と目的変数の実際のデータとの誤差を最小化するように決定されます．

8.2　重回帰分析の実行

　では，実際に重回帰分析を行ってみましょう．

　次のデータは，ある消費財のブランドについて，その広告費（万円）と潜在顧客数（万円）および売上（万円）をまとめたものです．このデータから，広告費と潜在顧客数が売上にどれくらいの影響を与えているのかについて分析してみましょう．このデータはダウンロードできます．

	A	B	C	D
1	ブランド	広告費（万円）	潜在顧客数（万人）	売上（万円）
2	A	100	89	3978
3	B	120	126	5138
4	C	130	108	5440
5	D	140	63	6102
6	E	160	35	4320
7	F	180	25	4137
8	G	190	72	5517
9	H	200	52	5156
10	I	210	85	6982
11	J	230	92	6926
12	K	240	15	5342
13	L	260	65	6597
14	M	290	87	7878
15	N	300	106	8469

　重回帰分析を行う前に，まずは目的変数である売上に対し，広告費と潜在顧客数がそれぞれどれくらいの影響を与えているのかを単回帰分析を使って分析してみます．

　最初に，売上と広告費の関係を見てみます．Excel のデータタブからデータ分析を選択し，現れたボックスの中から回帰分析を選びます．次のボックスが表示されるので，順に指定していきます．

　入力 Y 範囲：には，目的変数である売上のデータを指定します．D 列の 1 行目の項目名も含めた範囲 D1 セル〜D15 セルを入力します．

　入力 X 範囲：には，説明変数である広告費のデータを指定します．B 列の 1 行目の項目名も含めた範囲 B1 セル〜B15 セルを入力します．

　目的変数と説明変数の項目名をデータの範囲に含めているので，ラベルにチェックをしておきます．

　有意水準にチェックを入れます．値は 95％ のままとしておきます．

これで基本的な設定は終わったので，結果の出力先を指定します．**一覧の出力先：**に任意のセルを入力します．ここでは，F1 セルにしています．

入力が終了したら OK を押します．

すると，次のように出力されます．

概要

回帰統計	
重相関 R	0.77938482
重決定 R2	0.60744069
補正 R2	0.57472742
標準誤差	892.276952
観測数	14

分散分析表

	自由度	変動	分散	観測された分散比	有意 F
回帰	1	14783565.8	14783565.8	18.5686294	0.00101539
残差	12	9553897.91	796158.159		
合計	13	24337463.7			

	係数	標準誤差	t	P-値	下限 95%	上限 95%	下限 95.0%	上限 95.0%
切片	2515.50105	811.032217	3.10160435	0.009162645	748.413649	4282.58845	748.413649	4282.58845
広告費（万円）	17.0054492	3.94637348	4.30913325	0.001015391	8.40704003	25.6038584	8.40704003	25.6038584

　これによると，決定係数（**重決定 R2**）は 0.607，相関係数（**重相関 R**）は 0.779 であり，回帰直線の当てはまりは良いようです．広告費の傾きに関する P 値も 0.01 と有意水準より低くなっていますから，この回帰分析の結果を使うことは問題なさそうです．

　次に，売上と潜在顧客数の関係を見てみましょう．広告費の場合と同様に，次のボックスに指定していきます．違いは，**入力 X 範囲**：に潜在顧客数のデータ C1 セル〜C15 セルを入力することと，**一覧の出力先**：を F21 セルにしている部分だけです．

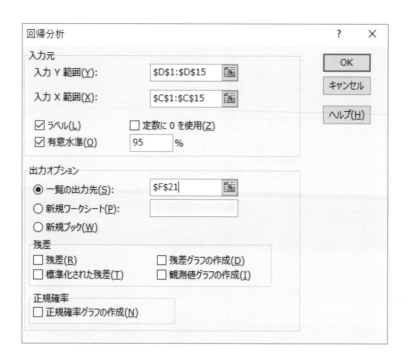

すると，次のように出力されます．

概要

回帰統計	
重相関 R	0.41944184
重決定 R2	0.17593146
補正 R2	0.10725908
標準誤差	1292.79214
観測数	14

分散分析表

	自由度	変動	分散	観測された分散比	有意 F
回帰	1	4281725.47	4281725.47	2.561895505	0.13544888
残差	12	20055738.2	1671311.52		
合計	13	24337463.7			

	係数	標準誤差	t	P-値	下限 95%	上限 95%	下限 95.0%	上限 95.0%
切片	4572.41005	873.129459	5.23680652	0.00020887	2670.02438	6474.79571	2670.02438	6474.79571
潜在顧客数（万人）	17.6159405	11.005889	1.60059224	0.135448882	-6.3638317	41.5957127	-6.3638317	41.5957127

これによると，決定係数（**重決定 R2**）は 0.176，相関係数（**重相関 R**）は 0.419 であり，回帰直線の当てはまりはあまり良くないですね．潜在顧客数の傾きに関する P 値も 0.135 と有意水準より高くなっていますから，この回帰分析の結果を使うのは問題がありそうです．

これらの結果によれば，売上の予測には説明変数として広告費だけを用い，潜在顧客数は使わないほうがよいのでしょうか？ 念のために，売上と広告費，売上と潜在顧客数の散布図を描いてみましょう．

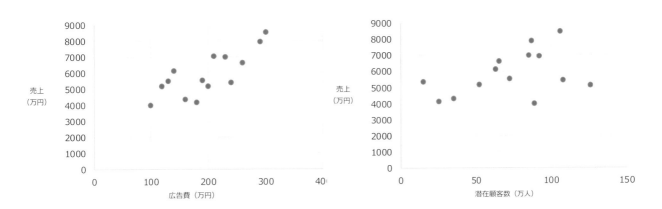

売上と潜在顧客数の関係は，売上と広告費の関係に比べると，相関関係は弱そうですね．実際に相関係数を計算してみると，次のようになります．

	広告費（万円）	潜在顧客数（万人）	売上（万円）
広告費（万円）	1		
潜在顧客数（万人）	-0.103813589	1	
売上（万円）	0.779384816	0.419441841	1

　売上の予測に潜在顧客数を使う必要はないのか，を確かめるために，いよいよ広告費と潜在顧客数の両方を説明変数にした重回帰分析を行ってみましょう．手順は，単回帰分析と同じです．

　データ分析ツールの回帰分析を選択し，現れたボックスに指定していきます．上記の単回帰分析との違いは，**入力 X 範囲：**に指定する説明変数が複数あるということだけです．ここでは説明変数は広告費と潜在顧客数の 2 つあるので，これらをまとめて指定します．そこで，**入力 X 範囲：**には B1 セル〜C15 セルを入力します．

　一覧の出力先：は F41 セルとします．

すると，次のように出力されます．

概要

回帰統計	
重相関 R	0.92764266
重決定 R2	0.8605209
補正 R2	0.83516107
標準誤差	555.515113
観測数	14

分散分析表

	自由度	変動	分散	観測された分散比	有意 F
回帰	2	20942896.3	10471448.1	33.93243213	1.9715E-05
残差	11	3394567.45	308597.041		
合計	13	24337463.7			

	係数	標準誤差	t	P-値	下限 95%	上限 95%	下限 95.0%	上限 95.0%
切片	742.746752	642.193571	1.15657768	0.271945485	-670.71177	2156.20527	-670.71177	2156.20527
広告費（万円）	18.1511532	2.4702866	7.34779244	1.45232E-05	12.714089	23.5882173	12.714089	23.5882173
潜在顧客数（万人）	21.2430139	4.75494239	4.46756494	0.000950707	10.7774563	31.7085716	10.7774563	31.7085716

　この結果を見てすぐに気がつくのは，前の 2 つの単回帰分析のときよりも決定係数が高くなっていることです（重相関係数も最も高くなっています）．次の表は，説明変数を広告費だけにした場合，潜在顧客数だけにした場合，そして広告費と潜在顧客数の両方にした場合とで比較したものです．

	広告費のみ	潜在顧客数のみ	広告費＋潜在顧客数
重相関 R	0.779	0.419	0.928
重決定 R2	0.607	0.176	0.861

　なぜこのような結果になったのでしょう．その理由は，次のように考えることができます．
　売上を広告費だけで予測しようとしても，予測しきれない部分が残ります．これが誤差です．また，潜在顧客数だけで予測しようとしても，やはり予測しきれない部分が残ります．ところが，広告費と潜在顧客数の両方で予測すると，単独では予測しきれない部分が互いに補われて，結果として決定係数が高まったと考えられます．
　さきほど計算した相関係数を見てみましょう．広告費と潜在顧客数の相関係数は約 −0.1 であり，両者の間にはほとんど相関関係がありませんね．このことは，広告費と潜在顧客数はそれぞれ異なる面から売上に影響を与えていると推測できます．説明変数相互に相関がないときは，それぞれ単独で単回帰分析を行うより重回帰分析を行うほうが，決定係数が高くなる可能性があるのです．

さて，切片と説明変数の係数（傾き）を求められたので，これらを使って売上を予測してみましょう．売上の回帰式は次のようになります．

$$予測売上 = 742.7 + 18.2 \times 広告費 + 21.2 \times 潜在顧客数$$

新しい sheet にデータをコピーし，さらに E 列，F 列，H 列および I 列に，次のように入力します．

I2 セルは上で求めた切片の値，I3 セル，I4 セルはそれぞれ広告費と潜在顧客数の係数（傾き）です．いずれも，少数第2位で四捨五入しています．

	A	B	C	D	E	F	G	H	I
1	ブランド	広告費（万円）	潜在顧客数（万人）	売上（万円）	予測売上（万円）	残差			係数
2	A	100	89	3978				切片	742.7
3	B	120	126	5138				広告費（万円）	18.2
4	C	130	108	5440				潜在顧客数（万人）	21.2
5	D	140	63	6102					
6	E	160	35	4320					
7	F	180	25	4137					
8	G	190	72	5517					
9	H	200	52	5156					
10	I	210	85	6982					
11	J	230	92	6926					
12	K	240	15	5342					
13	L	260	65	6597					
14	M	290	87	7878					
15	N	300	106	8469					

ブランド A の売上を予測するには，次のように E2 セルに式「=$I$2+$I$3*B2+$I$4*C2」を入力します．切片と傾きは絶対参照にしています．

SUM	▼	:	×	✓	fx	=$I$2+$I$3*B2+$I$4*C2			
	A	B	C	D	E	F	G	H	I
1	ブランド	広告費（万円）	潜在顧客数（万人）	売上（万円）	予測売上（万円）	残差			係数
2	A	100	89	3978	=$I$2+$I$3*B2+$I$4*C2			切片	742.7
3	B	120	126	5138				広告費（万円）	18.2
4	C	130	108	5440				潜在顧客数（万人）	21.2
5	D	140	63	6102					
6	E	160	35	4320					
7	F	180	25	4137					
8	G	190	72	5517					
9	H	200	52	5156					
10	I	210	85	6982					
11	J	230	92	6926					
12	K	240	15	5342					
13	L	260	65	6597					
14	M	290	87	7878					
15	N	300	106	8469					

同様に，ブランド B～N まで予測売上を計算してみると，次のようになります.

	A	B	C	D	E	F	G	H	I
1	ブランド	広告費（万円）	潜在顧客数（万人）	売上（万円）	予測売上（万円）	残差			係数
2	A	100	89	3978	4449.5			切片	742.7
3	B	120	126	5138	5597.9			広告費（万円）	18.2
4	C	130	108	5440	5398.3			潜在顧客数（万人）	21.2
5	D	140	63	6102	4626.3				
6	E	160	35	4320	4396.7				
7	F	180	25	4137	4548.7				
8	G	190	72	5517	5727.1				
9	H	200	52	5156	5485.1				
10	I	210	85	6982	6366.7				
11	J	230	92	6926	6879.1				
12	K	240	15	5342	5428.7				
13	L	260	65	6597	6852.7				
14	M	290	87	7878	7865.1				
15	N	300	106	8469	8449.9				

　最後に，元のデータと予測値との残差を計算してみましょう．残差とは，元のデータと予測値との誤差のことで，D 列の値から E 列の値を引き算することで計算できます．

	A	B	C	D	E	F	G	H	I
1	ブランド	広告費（万円）	潜在顧客数（万人）	売上（万円）	予測売上（万円）	残差			係数
2	A	100	89	3978	4449.5	-471.5		切片	742.7
3	B	120	126	5138	5597.9	-459.9		広告費（万円）	18.2
4	C	130	108	5440	5398.3	41.7		潜在顧客数（万人）	21.2
5	D	140	63	6102	4626.3	1475.7			
6	E	160	35	4320	4396.7	-76.7			
7	F	180	25	4137	4548.7	-411.7			
8	G	190	72	5517	5727.1	-210.1			
9	H	200	52	5156	5485.1	-329.1			
10	I	210	85	6982	6366.7	615.3			
11	J	230	92	6926	6879.1	46.9			
12	K	240	15	5342	5428.7	-86.7			
13	L	260	65	6597	6852.7	-255.7			
14	M	290	87	7878	7865.1	12.9			
15	N	300	106	8469	8449.9	19.1			

　これを見ると，ブランド D の残差が特に大きくなっています．残差の大きなブランドは，説明変数だけでは予測しきれない別の要因にも影響を受けている可能性があります．ここではこれ以上深追いはしませんが，残差の大きなブランドについては，別の要因を探す必要があります．

　参考に，残差をグラフに描いておきます（折れ線グラフで描き，線を消してマーカーだけにしてあります）.

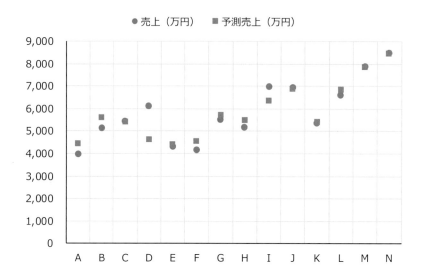

8.3　変数選択 〜最適な回帰式を求める

　前節で示したように，説明変数が 1 つより複数あった方が，より当てはまりのよい回帰式を求めることができる場合があります．では，説明変数は多ければ多いほどよいのでしょうか．

　実は，説明変数を考えられ得る限り（あるいは，手に入る限り）むやみやたらと増やしても，決定係数が高くなるどころか下がる場合があります．また，使う説明変数の組み合わせ方によっても決定係数が異なる場合があります．つまり，説明変数の個数と組み合わせには決定係数を最も高くする最適なものがあるのです．

　最適な説明変数の組み合わせを決めることを**変数選択**といいます．重回帰分析を行うときの難しさは，この変数選択をどのように行うかです．ここでは，例を用いて変数選択を行ってみます．

　次のデータは，あるチェーンストアの店舗のうち 21 の店舗について，売上高と売場面積，店舗の商圏の人口，最寄り駅の乗降人数，最寄り駅からの距離，従業員数をまとめたものです．このデータを用いて，売上高を目的変数とし，売場面積，商圏の人口，最寄り駅の乗降人数，駅からの距離，従業員数を説明変数とする重回帰分析を行ってみましょう．このデータはダウンロードできます．

	A	B	C	D	E	F	G
1	No.	売場面積（m2）	商圏人口（人）	最寄駅の乗降人数	駅からの距離（m）	従業員数	売上高
2	1	1,256	10,823	5,343	425	30	121,489
3	2	1,370	5,357	4,100	559	47	103,783
4	3	847	9,596	6,595	595	42	91,963
5	4	869	9,455	7,102	586	40	100,656
6	5	765	8,987	3,797	586	37	92,030
7	6	888	9,688	5,203	547	54	95,463
8	7	794	11,060	4,371	510	21	102,819
9	8	954	7,335	4,799	537	34	95,393
10	9	1,038	7,618	5,022	435	27	92,442
11	10	1,115	6,567	8,300	636	13	95,452
12	11	916	8,556	6,218	510	37	95,877
13	12	870	7,490	5,204	554	32	88,897
14	13	1,352	8,370	6,131	337	32	118,224
15	14	1,037	9,339	3,152	621	25	105,768
16	15	1,175	7,040	6,122	395	21	112,117
17	16	928	8,991	3,813	519	40	95,351
18	17	1,067	8,367	5,581	365	36	111,080
19	18	1,086	9,253	5,316	464	43	117,303
20	19	893	7,986	4,384	463	32	94,745
21	20	874	8,428	4,454	634	37	85,532
22	21	1,029	11,182	4,298	483	62	109,848

　この例では説明変数（の候補）が5つあります．これらの説明変数の組み合わせは，単回帰（説明変数を1つにする）の場合も含めて31通りあります．最適な説明変数の組み合わせは，31通りの回帰分析を行い，それぞれの決定係数を比べることで決めることができます．しかし，現実に31通りもの回帰分析を行うのは非効率的ですね．

　変数をもっと効率的に選択する方法にはいくつかあります，本書ではその中でも比較的簡単な**変数減少法**とい手法を用いて，最適な変数の組み合わせを決定することにします．

8.3.1　変数減少法の考え方

　変数減少法とは，最初に全ての説明変数を用いて重回帰分析を行い，その後，説明変数を1つ取り除いて重回帰分析を行うということを説明変数が1つになるまで繰り返す，という方法です．この方法で重要なポイントは，

(1) どの変数を取り除くのか
(2) 最適な説明変数の組み合わせであることを，何によって判断するのか

の2つです．

　まず (1) についてですが，目的変数に与える影響が最も小さい説明変数から取り除くのが妥当ですね．問題は，目的変数への影響の大きさ，すなわち**影響度**を何によって判断するかです．

　影響度は t 値によって判断することができます．

　回帰分析を行うと，それぞれの説明変数の係数（傾き）について t 値が計算されます．この t 値は係数の仮説検定に用いられ，検定結果の P 値も計算されます．この仮説検定における帰無仮説は，「係数（傾き）の値は 0 である」というものです．t 値の絶対値が棄却境界値よりも大きければ，P 値は有意水準より小さくなり，帰無仮説が棄却されます．その結果，回帰分析によって計算された係数（傾き）が採用されることになるわけです．

　このことは，t 値の絶対値が大きければ大きいほど帰無仮説が棄却される可能性が高くなることを意味しています．そして，帰無仮説が棄却される可能性の高い説明変数ほど重要である，すなわち目的変数への影響度が大きい変数と考えることができます．つまり，t 値の絶対値の大きさによって説明変数の影響度を判断することができるわけです．

　従って，取り除く説明変数は t 値の絶対値が最も小さい変数となります．

　次に，(2) です．説明変数の組み合わせが最適かどうかは，決定係数（**重決定 R2**）の大きさで判断することができそうです．しかしながら，実は決定係数には次のような問題があります．

- 説明変数が何であるかにかかわらず，説明変数の個数を増やせば増やすほど，決定係数の値は高くなる．

このため，説明変数を 1 つ取り除くと，その分だけ決定係数を高めてしまうのです．これでは，どの説明変数の組み合わせがよいのかを正確に判断できなくなります．

　この問題を解決するには，決定係数から説明変数の個数という影響を取り除いた指標が必要です．その指標が**補正 R2** です．正式な名称は，**自由度調整済み決定係数**で，次の式で計算します．

$$\text{自由度調整済み決定係数} = 1 - (1 - \text{決定係数}) \times \frac{\text{データの自由度}}{\text{データの自由度} - \text{説明変数の個数}}$$

この自由度調整済み決定係数が最も高くなる説明変数の組み合わせが，最適な組み合わせとなります．

　以上をまとめると，変数減少法によって最適な説明変数の組み合わせを決定する手順は次のようになります．

1　：全ての説明変数を用いて回帰分析を行う．

2　：t 値の絶対値が最も小さな説明変数を取り除いて回帰分析を行う．

3　：説明変数が 1 個になるまで手順 **2** を繰り返す．

4　：手順 **2**，**3** で行った全ての回帰分析の実行結果のうち，自由度調整済み決定係数（補正 R2）が最も大きくなる実行結果を選び，その説明変数の組み合わせを最適とする．

8.3.2 変数減少法による変数選択

それでは，変数減少法の手順に従って，先ほどのチェーンストアのデータを使って変数選択を行ってみましょう．

最初に，全ての説明変数を用いて回帰分析を行います．データ分析ツールを使って実行した結果は次のようになります．

概要

回帰統計	
重相関 R	0.92143476
重決定 R2	0.84904202
補正 R2	0.79872269
標準誤差	4629.47658
観測数	21

分散分析表

	自由度	変動	分散	観測された分散比	有意 F
回帰	5	1808123735	361624747	16.87307976	1.0896E-05
残差	15	321480801.5	21432053.44		
合計	20	2129604537			

	係数	標準誤差	t	P-値	下限 95%	上限 95%	下限 95.0%	上限 95.0%
切片	38306.4365	18118.90118	2.114169953	0.051657989	-313.08724	76925.9601	-313.08724	76925.9601
売場面積（m2）	45.82459	7.757161689	5.907391367	2.8773E-05	29.2905912	62.3585888	29.2905912	62.3585888
商圏人口（人）	3.87623338	0.829246965	4.674401653	0.000299476	2.10873532	5.64373145	2.10873532	5.64373145
最寄駅の乗降人数	0.19151331	0.883700724	0.21671739	0.831348504	-1.6920502	2.07507682	-1.6920502	2.07507682
駅からの距離（m）	-29.949166	14.34424783	-2.087886796	0.054277192	-60.523206	0.62487488	-60.523206	0.62487488
従業員数	-65.089239	100.0578771	-0.650515894	0.525198572	-278.35756	148.179077	-278.35756	148.179077

この結果を見ると，t 値の絶対値が最も小さい説明変数は，「最寄り駅の乗降人数」ですね（$t = 0.217$）．そこで，次に，「最寄り駅の乗降人数」を取り除いた残りの説明変数を用いて，再び回帰分析を行います．

なお，データ分析ツールでは，説明変数の範囲指定（**入力 X 範囲**）は，連続した領域である必要があります．次のように，データから「最寄り駅の乗降人数」の列（D 列）を取り除いたデータを新たに作り，これを使って回帰分析を行います．

	A	B	C	D	E	F
26	No.	売場面積（m2）	商圏人口（人）	駅からの距離（m）	従業員数	売上高
27	1	1,256	10,823	425	30	121,489
28	2	1,370	5,357	559	47	103,783
29	3	847	9,596	595	42	91,963
30	4	869	9,455	586	40	100,656
31	5	765	8,987	586	37	92,030
32	6	888	9,688	547	54	95,463
33	7	794	11,060	510	21	102,819
34	8	954	7,335	537	34	95,393
35	9	1,038	7,618	435	27	92,442
36	10	1,115	6,567	636	13	95,452
37	11	916	8,556	510	37	95,877
38	12	870	7,490	554	32	88,897
39	13	1,352	8,370	337	32	118,224
40	14	1,037	9,339	621	25	105,768
41	15	1,175	7,040	395	21	112,117
42	16	928	8,991	519	40	95,351
43	17	1,067	8,367	365	36	111,080
44	18	1,086	9,253	464	43	117,303
45	19	893	7,986	463	32	94,745
46	20	874	8,428	634	37	85,532
47	21	1,029	11,182	483	62	109,848

実行結果は次のようになります．

概要

回帰統計	
重相関 R	0.92117824
重決定 R2	0.84856936
補正 R2	0.81071169
標準誤差	4489.48346
観測数	21

分散分析表

	自由度	変動	分散	観測された分散比	有意 F
回帰	4	1807117148	451779287	22.41473264	2.1536E-06
残差	16	322487388.5	20155461.78		
合計	20	2129604537			

	係数	標準誤差	t	P-値	下限 95%	上限 95%	下限 95.0%	上限 95.0%
切片	39440.5562	16822.15747	2.34455992	0.032281189	3779.1754	75101.9369	3779.1754	75101.9369
売場面積（m2）	45.9681545	7.495107907	6.133087753	1.44202E-05	30.0792355	61.8570735	30.0792355	61.8570735
商圏人口（人）	3.8637298	0.802222179	4.816283943	0.000189919	2.16309475	5.56436485	2.16309475	5.56436485
駅からの距離（m）	-29.942749	13.91045512	-2.152535502	0.046962363	-59.431596	-0.453901	-59.431596	-0.453901
従業員数	-70.09661	94.40962346	-0.742473144	0.468561791	-270.23607	130.042851	-270.23607	130.042851

　最初の結果と比べてみると，自由度調整済み決定係数（補正 R2）が高くなっています．これは，説明変数から「最寄り駅の乗降人数」を除いたほうが回帰式（回帰直線）の当てはまりがよいことを意味しています．つまり，全ての説明変数を用いるより，「売場面積」「商圏人口」「駅からの距離」「従業員数」の4つのほうがより望ましい説明変数の組み合わせになっています．

　さらに，説明変数を1個減らしてみましょう．4つの説明変数の中で t 値の絶対値が最も小さなものは，「従業員数」ですね．そこで，「従業員数」を取り除いた残り3つの説明変数を用いて，再び回帰分析を行います．

　実行結果は次のようになります．

概要

回帰統計	
重相関 R	0.91834195
重決定 R2	0.84335194
補正 R2	0.81570817
標準誤差	4429.83479
観測数	21

分散分析表

	自由度	変動	分散	観測された分散比	有意 F
回帰	3	1796006120	598668706.6	30.50784267	4.5673E-07
残差	17	333598416.8	19623436.28		
合計	20	2129604537			

	係数	標準誤差	t	P-値	下限 95%	上限 95%	下限 95.0%	上限 95.0%
切片	39256.5734	16596.85213	2.365302355	0.030166776	4240.27626	74272.8706	4240.27626	74272.8706
売場面積（m2）	45.6310952	7.381947648	6.181443887	1.00511E-05	30.056547	61.2056433	30.056547	61.2056433
商圏人口（人）	3.68699	0.755913126	4.877531393	0.000141693	2.09215271	5.28182729	2.09215271	5.28182729
駅からの距離（m）	-30.774659	13.68103824	-2.249438866	0.038025296	-59.639127	-1.9101915	-59.639127	-1.9101915

　前の結果と比べてみると，自由度調整済み決定係数（補正 R2）が少しだけですが高くなりました．「従業員数」を含めないほうが，より望ましい説明変数の組み合わせになるということです．

　では，さらに説明変数を 1 個減らしてみましょう．3 つの説明変数の中で t 値の絶対値が最も小さいのは「駅からの距離」です．そこで，「駅からの距離」を除いた残り 2 つの説明変数で回帰分析を実行してみます．

　実行結果は次のようになります．

概要

回帰統計	
重相関 R	0.89259528
重決定 R2	0.79672634
補正 R2	0.77414037
標準誤差	4904.03755
観測数	21

分散分析表

	自由度	変動	分散	観測された分散比	有意 F
回帰	2	1696712019	848356009.3	35.27528783	5.9256E-07
残差	18	432892517.9	24049584.33		
合計	20	2129604537			

	係数	標準誤差	t	P-値	下限 95%	上限 95%	下限 95.0%	上限 95.0%
切片	10022.062	11427.29351	0.877028492	0.392026434	-13985.791	34029.9148	-13985.791	34029.9148
売場面積（m2）	54.7635037	6.825258246	8.023652981	2.34975E-07	40.4241682	69.1028391	40.4241682	69.1028391
商圏人口（人）	4.18209033	0.800572847	5.223872319	5.7335E-05	2.50014919	5.86403147	2.50014919	5.86403147

　今度は，自由度調整済み決定係数（補正 R2）が低くなってしまいました．「駅からの距離」を除かないほうがよりよい説明変数の組み合わせだった，ということです．

　この時点で，最適な説明変数の組み合わせは「売場面積」「商圏人口」「駅からの距離」であることが予想できますが，変数減少法の手順に従って，さらに説明変数を 1 個減らしてみましょう．t 値の絶対値が小さいのは「商圏人口」なので，「売場面積」を唯一の説明変数として回帰分析を行います．

　実行結果は次のようになります．

概要

回帰統計	
重相関 R	0.69896635
重決定 R2	0.48855395
補正 R2	0.46163574
標準誤差	7571.33731
観測数	21

分散分析表

	自由度	変動	分散	観測された分散比	有意 F
回帰	1	1040426712	1040426712	18.14956848	0.00042303
残差	19	1089177825	57325148.69		
合計	20	2129604537			

	係数	標準誤差	t	P-値	下限 95%	上限 95%	下限 95.0%	上限 95.0%
切片	59165.2803	10015.52213	5.907358547	1.09365E-05	38202.5515	80128.009	38202.5515	80128.009
売場面積（m2）	41.8388067	9.820783515	4.260231036	0.000423031	21.2836706	62.3939429	21.2836706	62.3939429

　自由度調整済み決定係数（補正 R2）はさらに低くなってしまいました.

　これで，変数減少法の手順は終了ですが，念の為，最後に残った 2 つの説明変数のうちの残りの 1 つの「商圏人口」でも回帰分析をしておきましょう．結果は次のようになります.

概要

回帰統計	
重相関 R	0.26399888
重決定 R2	0.06969541
補正 R2	0.02073201
標準誤差	10211.3994
観測数	21

分散分析表

	自由度	変動	分散	観測された分散比	有意 F
回帰	1	148423657.2	148423657.2	1.423418485	0.24752762
残差	19	1981180879	104272677.9		
合計	20	2129604537			

	係数	標準誤差	t	P-値	下限 95%	上限 95%	下限 95.0%	上限 95.0%
切片	85230.1394	13610.34763	6.262157424	5.16955E-06	56743.3545	113716.924	56743.3545	113716.924
商圏人口（人）	1.85356096	1.553604869	1.193071031	0.247527619	-1.3981714	5.10529333	-1.3981714	5.10529333

これも自由度調整済み決定係数（補正 R2）はかなり低いですね.

最後に，以上の回帰分析の結果をまとめておきましょう. 次の表は，全ての説明変数を使った場合（full set）から変数を 1 個にしたときまでの各回帰分析の結果のうち，切片と説明変数の t 値と自由度調整済み決定係数（補正 R2）を比較したものです.

		full set	set 2	set 3	set 4	set 5	set 6	set 7
t値	切片	2.1142	2.3446	2.3653	0.8770	5.5975	5.9074	6.2622
	売場面積（m2）	5.9074	6.1331	6.1814	8.0237	2.9659	4.2602	
	商圏人口（人）	4.6744	4.8163	4.8775	5.2239			1.1931
	最寄駅の乗降人数	0.2167						
	駅からの距離（m）	-2.0879	-2.1525	-2.2494		-2.5481		
	従業員数	-0.6505	-0.7425					
補正 R2		0.7987	0.8107	0.8157	0.7741	0.5824	0.4616	0.0207

説明変数として「売場面積」「商圏人口」「駅からの距離」の 3 個を使った set 3 が最も自由度調整済み決定係数（補正 R2）の高い，最適な組み合わせであることがわかりました.

このように，説明変数は必ずしも多ければよいというものではありません. 複数の説明変数を用いる重回帰分析を行うときは，必ず最適な変数選択を行うようにしましょう.

8.4 重回帰分析で注意すべきこと

重回帰分析を行うときには，前述の変数選択以外にも注意すべきことがいくつかあります. 特に，多重共線性と擬似相関には注意が必要です.

8.4.1 多重共線性 〜互いに強い相関関係のある説明変数には注意する

多重共線性（英語で multicollinearity と言われるため，略して「マルチコ」とも呼ばれます）とは，説明変数同士が強い相関関係にある状態のことをいいます. 多重共線性があると，一見して決定係数や自由度調整済み決定係数が高くても，

- t 値が小さくなり，P 値が有意水準よりも高くなる. つまり，帰無仮説（切片や説明変数の係数が 0 である）を棄却できなくなる.
- 係数の符号が本来なるべきものとは逆の符号になる.

といったことが引き起こされます.

例で見てみましょう. 次のデータは，11 の店舗の販売数量（`quantity`），売上金額（`sales`），および粗利益（`gross_profit`）です. このデータはダウンロードできます.

	A	B	C	D
1	shop	quantity	sales	gross_profit
2	A	406	483,636	143,716
3	B	396	485,323	144,893
4	C	395	490,852	150,802
5	D	442	533,805	160,477
6	E	389	463,266	138,962
7	F	411	488,242	145,667
8	G	393	477,641	148,255
9	H	363	439,087	129,139
10	I	451	538,505	163,338
11	J	421	498,551	149,108
12	K	391	461,429	137,151

　このデータから，目的変数を粗利益，説明変数を販売数量と売上金額として重回帰分析をしてみます．
　その前に，これらの 3 つの変数の相関係数を求めてみましょう．相関係数を計算するには，データタブのデータ分析メニューから相関を選んで行います．結果は次のようになります．

	quantity	sales	gross_profit
quantity	1		
sales	0.966604159	1	
gross_profit	0.914436052	0.976457241	1

　これを見てわかるように，2 つの説明変数の販売数量と売上金額の間にはとても強い相関関係があります．このデータの説明変数には多重共線性が存在しています．
　では，回帰分析を行ってみましょう．実行結果は次のようになります．

概要

回帰統計	
重相関 R	0.98317852
重決定 R2	0.966640002
補正 R2	0.958300003
標準誤差	2004.8808
観測数	11

分散分析表

	自由度	変動	分散	観測された分散比	有意 F
回帰	2	931763844	465881922	115.9040856	1.23852E-06
残差	8	32156376.18	4019547.022		
合計	10	963920220.2			

	係数	標準誤差	t	P-値	下限 95%	上限 95%	下限 95.0%	上限 95.0%
切片	-12441.9307	10549.58735	-1.17937605	0.272130459	-36769.32278	11885.4613	-36769.32278	11885.4613
quantity	-174.917588	98.42101289	-1.77723824	0.113427331	-401.8768503	52.0416752	-401.8768503	52.0416752
sales	0.471640466	0.084326196	5.593048076	0.000514401	0.277183911	0.66609702	0.277183911	0.66609702

　決定係数（重決定 R2）も自由度調整済み決定係数（補正 R2）ともにとても高くなっていますね．このことだけを捉えると，重回帰分析の結果はたいへん良好であるように思われますが，説明変数 quantity と salse の P 値を見てみましょう．salse の P 値は有意水準の 0.05 より低いですが，quantity の P 値は有意水準よりもはるかに高くなっています．これは，これらの説明変数の係数（つまり，傾き）は採用できないことを意味しています．

　このことは，直ちに quantity が説明変数として相応しくないことを意味する，というわけではありません．試しに，quantity だけを説明変数にして単回帰分析を行うと，決定係数は 0.836 で係数（傾き）の P 値は $8.1E - 05$ と有意水準を下回っています（各自で確かめてください）．

　では，なぜ quantity と salse を説明変数にして重回帰分析を行うとこのような結果になったのかというと，それは quantity と salse の間に多重共線性があるからです．この例のように，説明変数の間に多重共線性が存在すると，回帰分析の結果は良好なものにならなくなります．説明変数を選択するときには，まず多重共線性が存在しないか確認してから行う必要があります．

多重共線性の確認方法

　多重共線性の有無を確かめるには，次の 2 つの方法があります．

(1) 説明変数の係数の符号と，その説明変数と目的変数との相関係数の符号が一致しているかどうか

　説明変数の係数の符号と，その説明変数と目的変数との相関係数の符号は，本来は一致します．しか

し，説明変数間の相関関係が強いと，回帰分析の結果が不安定になり，符号が異なってしまう場合があります．このような符号の違いを発見したら，多重共線性の存在を疑いましょう．

(2) VIF またはトレランスを計算する

VIF（分散拡大要因，**Variance Inflation Factor**）または**トレランス**（許容度，**Tolerance**）という指標を使って，各説明変数の多重共線性の有無を判断することができます．

VIF は次のように求めます．

$$\text{VIF} = \frac{1}{1 - \text{決定係数}}$$

この決定係数は，重回帰分析を行ったときの決定係数ではありません．多重共変性が疑われる 2 つの説明変数について，一方を目的変数，他方を説明変数にした回帰分析を行い，それから得られた決定係数です．VIF の値が 10 以上になったら，多重共変性の疑いがあると判断します．

試しに，`salse` を目的変数，`quantity` を説明変数として単回帰分析を行い，その結果を使って VIF を計算してみましょう．回帰分析の実行結果は次のようになります．

概要

回帰統計	
重相関 R	0.966604159
重決定 R2	0.934323601
補正 R2	0.927026223
標準誤差	7925.10079
観測数	11

分散分析表

	自由度	変動	分散	観測された分散比	有意 F
回帰	1	8041555864	8041555864	128.0355275	1.26804E-06
残差	9	565265002.7	62807222.53		
合計	10	8606820867			

	係数	標準誤差	t	P-値	下限 95%	上限 95%	下限 95.0%	上限 95.0%
切片	30087.4257	40477.54539	0.743311518	0.476247884	-61479.14354	121653.995	-61479.14354	121653.995
quantity	1128.168532	99.7031167	11.3152785	1.26804E-06	902.6244128	1353.71265	902.6244128	1353.71265

決定係数（**重決定 R2**）は約 0.9343 ですから，VIF は

$$\text{VIF} = \frac{1}{1 - 0.9343} = 15.23$$

となります．VIF が 10 を超えているので，`quantity` と `salse` の間に多重共線性があると考えられます．

　説明変数が 3 個以上ある場合も VIF を計算できます．例えば，説明変数 A，説明変数 B，説明変数 C の 3 つの説明変数があるとき，まず変数 A を目的変数とし変数 B，C を説明変数とする重回帰分析を行い，得られた決定係数から VIF を求めます．これが変数 A の VIF で，その値が 10 を超えていれば変数 A と他の 2 つの変数 B，C との間に多重共線性が生じていることになります．

　一方，トレランスは次のように求めます．

$$\text{トレランス} = \frac{1}{\text{VIF}}$$

トレランスは VIF の逆数で，0.1 より小さいと多重共線性が生じている可能性があると判断します．

　多重共線性が生じていると考えられる場合は，相関の強い変数の一方を取り除く必要があります．どちらの変数を除くかは，対象としている問題の内容から判断することになります．

8.4.2　疑似相関 〜見せかけの相関に注意する

　データ分析を行うと，ある 2 つの変数の間に何の因果関係もないはずなのに，相関関係が認められるというケースに遭遇することがあります．次の例で見てみましょう．これは，20 人の男性について，「血圧」と「年収」を比較したデータです．このデータはダウンロードできます．

	A	B	C
1	person	blood_pressure	annual_income
2	1	91	605
3	2	79	481
4	3	82	457
5	4	93	550
6	5	86	469
7	6	95	578
8	7	92	503
9	8	100	590
10	9	92	545
11	10	100	625
12	11	78	403
13	12	89	462
14	13	93	511
15	14	93	670
16	15	74	360
17	16	100	600
18	17	89	555
19	18	71	380
20	19	90	525
21	20	97	543

blood_pressure が血圧，annual_income が年収です．

このデータについて，まず散布図を描き，さらに相関係数を求めてみましょう．

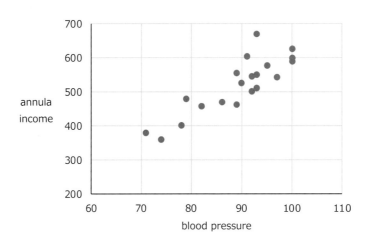

	blood_pressure	annual_income
blood_pressure	1	
annual_income	0.859533152	1

　血圧と年収の間には高い相関がありそうですね．では，年収を目的変数とし，血圧を説明変数として回帰分析をしてみましょう．実行結果は次のようになります．

概要

回帰統計	
重相関 R	0.859533152
重決定 R2	0.738797239
補正 R2	0.724285975
標準誤差	43.33725306
観測数	20

分散分析表

	自由度	変動	分散	観測された分散比	有意 F
回帰	1	95618.68495	95618.685	50.91198225	1.2007E-06
残差	18	33806.11505	1878.1175		
合計	19	129424.8			

	係数	標準誤差	t	P-値	下限 95%	上限 95%	下限 95.0%	上限 95.0%
切片	-227.010285	105.2240013	-2.1574002	0.044737438	-448.07771	-5.9428615	-448.07771	-5.9428615
blood_pressure	8.381281222	1.174628164	7.13526329	1.20065E-06	5.91347902	10.8490834	5.91347902	10.8490834

　決定係数は問題ないですし，説明変数 `blood_pressure` の P 値も有意水準の 0.05 を下回っています．ですから，この回帰分析の結果は問題ない，と言いたいところですが，何かおかしいですね．血圧が高い人ほど年収は高くなるものなのでしょうか．

　血圧と年収の間に因果関係があるとは考えにくいですね．にもかかわらず両者の間に強い相関関係があるのは，背後に両者に対して影響を与える第 3 の要因が存在しているからと考えられます．この要因としては，例えば「年齢」が考えられます．血圧は加齢とともに高くなる傾向にあり，また年収も年齢が高い人ほど高くなる傾向があります．

　年齢のように，血圧と年収の両者に影響を与える要因のことを**交絡因子**といいます．年齢という交絡因子があるために，血圧と年収の間には因果関係がないにもかかわらずみせかけの相関関係が生じているのです．このようなみせかけの相関関係を**疑似相関**といいます．

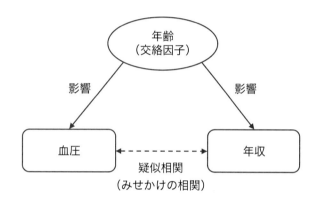

では，この 20 人の年齢が次の通りであったとしましょう．このデータはダウンロードできます．

	A	B	C	D
1	person	age	blood_pressure	annual_income
2	1	45	91	605
3	2	31	79	481
4	3	32	82	457
5	4	42	93	550
6	5	33	86	469
7	6	45	95	578
8	7	39	92	503
9	8	46	100	590
10	9	42	92	545
11	10	46	100	625
12	11	31	78	403
13	12	37	89	462
14	13	41	93	511
15	14	43	93	670
16	15	22	74	360
17	16	45	100	600
18	17	39	89	555
19	18	27	71	380
20	19	40	90	525
21	20	46	97	543

age が年齢です．

年齢と血圧，年収の相関係数は次のようになります．

	age	blood_pressure	annual_income
age	1		
blood_pressure	0.95224337	1	
annual_income	0.90549556	0.859533152	1

年齢は血圧とも年収とも強い相関関係があります．

　ここで，年収を目的変数，年齢と血圧を説明変数として重回帰分析を行ってみましょう．実行結果は次のようになります．

概要

回帰統計	
重相関 R	0.90553935
重決定 R2	0.82000151
補正 R2	0.79882522
標準誤差	37.0184917
観測数	20

分散分析表

	自由度	変動	分散	観測された分散比	有意 F
回帰	2	106128.5316	53064.26579	38.72261866	4.675E-07
残差	17	23296.26842	1370.368731		
合計	19	129424.8			

	係数	標準誤差	t	P-値	下限 95%	上限 95%	下限 95.0%	上限 95.0%
切片	123.44049	155.217843	0.795272552	0.437418527	-204.04053	450.921513	-204.04053	450.921513
age	10.9462591	3.952630856	2.769360343	0.013123991	2.60693699	19.2855813	2.60693699	19.2855813
blood_pressure	-0.2843732	3.286048286	-0.086539581	0.932048625	-7.2173291	6.64858262	-7.2173291	6.64858262

　決定係数は問題なさそうですが，説明変数のうち血圧（blood_pressure）の P 値は有意水準よりかなり高くなっています．これは，血圧は説明変数として適切でないことを示しています．

　しかも，血圧の係数（傾き）の符号はマイナスになっています．年齢と血圧の相関関係は強いですから，このことは年齢と血圧の間に多重共線性が存在することを示唆しています．

　このような場合は，理論上，年収との間に因果関係がないと考えられる血圧を説明変数から取り除き，年齢のみを説明変数とするべきです．その回帰分析の結果は次のようになります．

概要

回帰統計	
重相関 R	0.90549556
重決定 R2	0.81992222
補正 R2	0.80991789
標準誤差	35.9834308
観測数	20

分散分析表

	自由度	変動	分散	観測された分散比	有意 F
回帰	1	106118.2688	106118.2688	81.95680503	4.0353E-08
残差	18	23306.53125	1294.807292		
合計	19	129424.8			

	係数	標準誤差	t	P-値	下限 95%	上限 95%	下限 95.0%	上限 95.0%
切片	110.647321	45.99290567	2.405747578	0.027105095	14.0198122	207.274831	14.0198122	207.274831
age	10.6205357	1.173150997	9.052999781	4.03527E-08	8.15583693	13.0852345	8.15583693	13.0852345

実行結果は良好です．

このように，変数の間に因果関係がないと考えられるのに強い相関関係が認められるとき，つまり疑似相関が疑われるときは，それらの背後に第 3 の要因（交絡因子）が存在しないか考えましょう．交絡因子は，対象としている問題への理解に基づいて検討しなければなりません．

8.5　質的データ（カテゴリーデータ）を含む重回帰分析

前章で，説明変数が質的データ（カテゴリーデータ）である単回帰分析を行いました．質的データを用いて回帰分析を行うときは，ダミー変数を使って数量化ということを行うのでしたね．2 つ以上のカテゴリーの質的変数があるときや，量的データと質的データが混在しているときでも，質的データについて数量化を行えば，重回帰分析を行うことができます．

次の例を使って，質的データを含む重回帰分析をやってみましょう．これは，あるコンビニチェーンが人気商品である「からあげ」と「焼きとり」の販売促進のために，「100 円値引きクーポン」と「120円値引きクーポン」という 2 種類のクーポンを発行したときの，各会員の購買データです．

データ項目の ID は会員識別のための番号です．会員のデータは 4000 人分あります．

商品は，値が 0 であればその会員が「からあげ」を購入したことを意味し，値が 1 であれば「焼きとり」を購入したことを意味します．

A/B テストは，値が 0 であればその会員に「100 円値引きクーポン」が送信されており，値が 1 であれば「120 円値引きクーポン」が送信されていることを表します．なお，「A/B テスト」とは，顧客を

2つのグループに分け，それぞれ異なるマーケティング施策を実施して，その効果の違いを比較する評価手法のことです．

クーポン利用有無は，会員が「からあげ」または「焼きとり」を購入したときにクーポンを使用したかどうかを表します．

例えば，会員 ID = 10001 は，「100 円クーポン」が送信されていて，「からあげ」を購入し，その際クーポンを利用しています．

このデータはダウンロードできます．

	A	B	C	D
1	ID	商品	A/Bテスト	クーポン利用有無
2	10001	0	0	1
3	10002	0	0	1
4	10003	0	0	1
5	10004	0	0	1
6	10005	0	0	1
7	10006	0	0	1
8	10007	0	0	1
9	10008	0	0	1
10	10009	0	0	1
11	10010	0	0	1
12	10011	0	0	1
13	10012	0	0	1
14	10013	0	0	1
15	10014	0	0	1
16	10015	0	0	1
17	10016	0	0	1
18	10017	0	0	1
19	10018	0	0	1
20	10019	0	0	1
21	10020	0	0	1

このデータの各項目（**商品，A/B テスト，クーポン利用有無**）はいずれも質的データです．ここでは，あらかじめダミー変数によって数量化してあります．

では，このデータを使って，**クーポン利用有無**を目的変数，**商品**と **A/B テスト**を説明変数とする重回帰分析を行ってみましょう．ここで予測したいことは，クーポンの利用率が商品の違い（からあげか，焼きとりか）とクーポンの違い（100 円値引きか，120 円値引きか）によって異なるのか，ということです．回帰分析の手順は，量的データの場合と同じです．

実行結果は次のようになります．

概要

回帰統計	
重相関 R	0.022708901
重決定 R2	0.000515694
補正 R2	1.55769E-05
標準誤差	0.275914564
観測数	4000

分散分析表

	自由度	変動	分散	観測された分散比	有意 F
回帰	2	0.157	0.0785	1.031146582	0.3566927
残差	3997	304.287	0.07612885		
合計	3999	304.444			

	係数	標準誤差	t	P-値	下限 95%	上限 95%	下限 95.0%	上限 95.0%
切片	0.0745	0.007556232	9.85941202	1.12997E-22	0.05968557	0.08931443	0.05968557	0.08931443
商品	0.011	0.008725185	1.26071831	0.207483942	-0.0061062	0.02810623	-0.0061062	0.02810623
A/Bテスト	0.006	0.008725185	0.68766453	0.491703961	-0.0111062	0.02310623	-0.0111062	0.02310623

　まず，係数が何を意味しているか確認しましょう．切片の 0.0745 は，「100 円値引きクーポン」が配信され，かつ「からあげ」を購入した会員たちのクーポン利用率を表しています．

　次に，商品の係数 0.011 は，「からあげ」を購入した会員たちに比べ「焼きとり」を購入した会員たちのクーポン利用率よりどれだけ異なるかを表しています．つまり，「からあげ」に比べ「焼きとり」は 0.011 だけクーポン利用率を上げる効果がある，ということです．

　そして，A/B テストの係数 0.006 は，「100 円値引きクーポン」が配信された会員たちに比べ「120 円値引きクーポン」が配信された会員たちのクーポン利用率がどれだけ異なるかを表しています．「120 円値引きクーポン」のほうが 0.006 だけクーポン利用率を上げる効果がある，ということです．

　これをまとめると，次のようになります．

	からあげ	焼きとり
100円クーポン	0.0745	0.0855
120円クーポン	0.0805	0.0915

+ 0.011（からあげ→焼きとり）
+ 0.006（100円クーポン→120円クーポン）

　「100 円値引きクーポン」が配信されて「からあげ」を購入した会員たちに比べ，「120 円値引きクーポン」が配信されて「焼きとり」を購入した会員たちのクーポン利用率は，トータルで 0.017 高い 0.0915 になっています．この結果から，クーポン利用率を上げるには，「120 円値引きクーポン」を配信し，かつ「焼きとり」を強くお勧めするのがよい，ということになりそうです．

しかし，この結果をこのまま使ってよいでしょうか．決定係数を確認すると，かなり低くなっています．さらに問題なのは，2 つの説明変数の P 値が有意水準を大きく上回ってしまっていることと，区間推定値の下限がマイナスになっていることです．P 値が高い係数はあまり信用できませんし，利用率がマイナスになるということは理論上あり得ません．従って，この回帰分析の結果は使えません．すなわち，商品の違いやクーポンの違いによってクーポン利用率が異なるかどうかはわからない，というのが結論です．

それでは，今度は次のデータを使って分析してみましょう．このデータは，上記のデータからクーポンを利用した会員だけを抽出し，彼らの購買金額を調べたものです．データ項目のうち**クーポン利用有無**が**購入金額**に変わっています．**購入金額**は量的データです．つまり，これは量的データと質的データが混在したデータです．このデータはダウンロードできます．

	A	B	C	D
1	ID	商品	A/Bテスト	購入金額
2	10001	0	0	340
3	10002	0	0	220
4	10003	0	0	420
5	10004	0	0	510
6	10005	0	0	580
7	10006	0	0	290
8	10007	0	0	610
9	10008	0	0	520
10	10009	0	0	410
11	10010	0	0	490
12	10011	0	0	370
13	10012	0	0	450
14	10013	0	0	500
15	10014	0	0	710
16	10015	0	0	310
17	10016	0	0	600
18	10017	0	0	390
19	10018	0	0	780
20	10019	0	0	610
21	10020	0	0	650

このデータを使って，**購入金額**を目的変数，**商品**と A/B テストを説明変数とする重回帰分析を行ってみましょう．ここで予測したいことは，購入金額が商品の違い（からあげか，焼きとりか）とクーポンの違い（100 円値引きか，120 円値引きか）によって異なるのか，ということです．

実行結果は次のようになります．

概要

回帰統計	
重相関 R	0.412713351
重決定 R2	0.17033231
補正 R2	0.165288737
標準誤差	150.411649
観測数	332

分散分析表

	自由度	変動	分散	観測された分散比	有意 F
回帰	2	1528099.737	764049.869	33.77215396	4.5681E-14
残差	329	7443185.504	22623.6641		
合計	331	8971285.241			

	係数	標準誤差	t	P-値	下限 95%	上限 95%	下限 95.0%	上限 95.0%
切片	470.74	14.7267168	31.9652682	6.3219E-103	441.773045	499.71386	441.773045	499.71386
商品	59.42	16.54823628	3.59054779	0.000380274	26.8635315	91.9709349	26.8635315	91.9709349
A/Bテスト	121.20	16.52266056	7.33535345	1.73723E-12	88.6961659	153.702944	88.6961659	153.702944

　今度も決定係数は決して高いとは言えませんが，一応良しとしておきましょう．説明変数の P 値は有意水準を大きく下回っています．また，説明変数の区間推定値もプラスの値なので，問題ありません．従って，この結果は使えそうです．

　では，係数を確認してみましょう．切片の 470.7 は，「100 円値引きクーポン」が配信され，かつ「からあげ」を購入した会員たちの平均購入金額を表しています．

　次に，商品の係数 59.4 は，「からあげ」を購入した会員たちに比べ「焼きとり」を購入した会員たちの平均購入金額がどれだけ異なるかを表しています．つまり，「からあげ」に比べ「焼きとり」は 59.4 円だけ平均購入金額を上げる効果がある，ということです．

　そして，A/B テストの係数 121.2 は，「100 円値引きクーポン」が配信された会員たちに比べ「120 円値引きクーポン」が配信された会員たちの平均購入金額がどれだけ異なるかを表しています．「120 円値引きクーポン」のほうが 121.2 円だけ平均購入金額を上げる効果がある，ということです．

　これをまとめると，次のようになります．

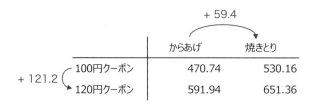

		からあげ	焼きとり
	100円クーポン	470.74	530.16
	120円クーポン	591.94	651.36

　「100 円値引きクーポン」が配信されて「からあげ」を購入した会員たちに比べ，「120 円値引きクー

ポン」が配信されて「焼きとり」を購入した会員たちの平均購入金額は，トータルで 180.6 円高い 651.3 円になっています．この結果から，『平均購入金額を上げるには，「120 円値引きクーポン」を配信し，かつ「焼きとり」を強くお勧めするのがよい』，という結論が導かれます．

　このように，質的データが含まれていても，ダミー変数を用いて数量化することにより，回帰分析を行うことができます．

　さらに，このような分析によって，「100 円値引きクーポン」と「120 円値引きクーポン」によってどれだけ平均購入金額が変わるのか（A/B テスト），というように，施策の違いによる効果の大きさを定量化することができます．

海野　大 (うんの　まさる)

1963年、東京生まれ。
早稲田大学政治経済学部卒業後、NTTへ入社。
サービス開発や新規事業に携わる。
筑波大学ビジネス科学研究科博士後期課程修了。
博士（経営学）。
現在、大阪成蹊大学経営学部教授。
専門はペレーションズ・リサーチ、インセンティブ理論。

Excelで学ぶデータ解析の基礎

2020年4月7日　初版第1刷発行

著　　者　海野　大
発 行 者　中田典昭
発 行 所　東京図書出版
発行発売　株式会社 リフレ出版
　　　　　〒113-0021　東京都文京区本駒込 3-10-4
　　　　　電話 (03)3823-9171　FAX 0120-41-8080
印　　刷　株式会社 ブレイン

© Masaru Unno
ISBN978-4-86641-329-7 C3041
Printed in Japan 2020